例題で
学ぶ

はじめての
無機化学Ⅱ

溶液・固体編

山崎友紀・川瀬雅也 著

技術評論社

はじめに

本書を手にとってくださった皆さんは、無機化学は抽象的な学問だとお思いだろうか。顕微鏡の技術がいかに発達したと言っても、化学の主人公「物質」の正体である原子や電子を直接見たり触ったりして感じることは難しい。しかし、化学のなせる業として、ふつうは見ることも感じることもできないその粒子たちの挙動を具体化させ、化学反応の予測や諸現象の大半を説明することができる。そして無機化学は無機化合物についてだけでなく、有機化学、物理化学、分析化学など異分野との境界領域も対象としている。さらに無機化学を学習すると、レアメタルを含む様々な元素について、天然鉱物や廃棄物からの発掘・抽出の原理から、活用方法、機能発現、リサイクル技術までを深く理解できるようになる。つまり無機化学は、地球上の限られた資源をいかに有効に活用し、元素や物質の新たな発見や開発を可能にし、地球にやさしいスマートな社会を実現することに貢献できると言っても過言ではない。

第Ⅰ巻では無機化学の基礎的な事項と錯体に関して多くのページを割いた。それに続いて出版された本書では、溶液化学、電気化学、結晶化学、固体化学、そして無機化学に関連する分析技術、新しい無機材料、放射性物質に関することが網羅されている。

無機化学の実験を通じて、溶液、結晶、原子配列などの色や形の美しさに魅せられることが多くある。それらの美しい現象は、規則の中に見出されることが多い。これから化学の道に進もうとしている者は、様々な実験的あるいは自然界で生じている化学的な諸現象を、原子の電子構造、錯体の構造、溶媒との相互作用、エネルギー変化などを通じて化学的に説明できることが重要となるであろう。現在の情報社会に貢献する様々な電子デバイスの中には無機化学の内容が詰まっているし、地球環境問題の解決や新エネルギーの開発など、今世紀に必要とされる技術においても無機化学の活躍の場は無尽蔵にある。

本書を通じて無機化学の広い世界について理解を深める一助となり、読者のその後の学習の発展に役立てば幸いである。

著者一同

目次

第8章　相図　115

第9章　代表的な結晶構造　127

第10章　結晶構造解析　143

第11章　固体の比熱　159

第15章 新しい無機材料 217

第16章 放射性物質 231

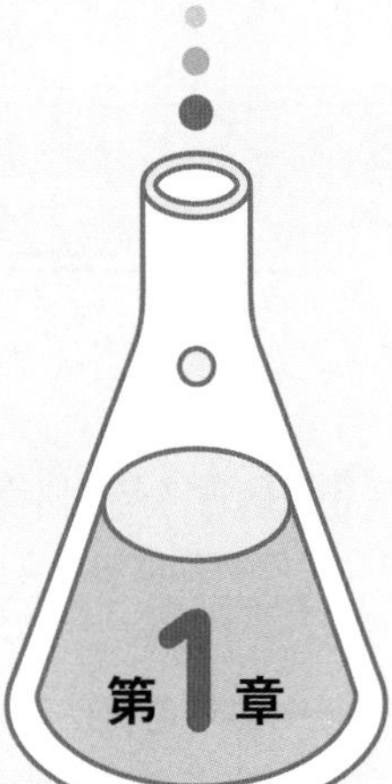

第1章

溶液入門

本章で学ぶ内容

1. 無機化学という分野
2. トピックスから見た無機化学

水H_2Oは代表的な溶媒であり、化学の実験でも水溶液を頻繁に扱う。本章では水溶液を中心に濃度の表し方、水溶液における溶質と水の相互作用について理解を深める。

1-1　溶液と溶液濃度の表し方

1-1-1　溶体とその種類

2種以上の物質からなる均一な混合物を溶体という。気相の場合は混合気体、液相の場合は溶液、固相の場合は固溶体という（相についての詳細は第6章を参照）。この章では溶液に関する基礎について学ぶ。

ある液体（溶媒）に異なる1成分以上の固体、液体または気体の溶質が溶けているものが溶液である。溶液内ではそれぞれの成分が、互いに分子間の相互作用を及ぼしあうことがほとんどである。例えば牛乳や墨汁などに代表される分散系の液体はコロイド溶液と呼ばれることがあるが、ミクロにみると均一な混合物ではないので、溶液として扱わない。

1-1-2　水と水溶液

純粋な水の状態図を図1-1に示した。この図から温度と圧力によって状態変化（相変化）が生じることが示されている。また各線の上には2つの相（状態）が共存する。T点は三重点で気相、液相、固相の3つが共存する。A点は臨界点で純粋な水の場合には647.6 Kである。このA点を超えると水は超臨界状態に入り、気体とも液体ともいえない均一流体（超臨界水）となる。

水H_2Oは、同じ酸素族における他の水素化物に比べて、特異的な性質を示す。例えば図1-2に示すように分子量を横軸にとった場合、他の分子と比べて著しく沸点や融点が高い。これは、水素と酸素の結合が大きく分極していることにより、他の水素化物よりももっと強い水素結合を作ることによっている。気体状態では単分子H_2Oで存在する水分子であるが、液体状態では互いに水素結合で近くの水分子と水素結合を作って、互いに強く引き留めあうことにより巨大分子のような振る舞いをする。そのために、他の水素化物に比べると融点や沸点が高くなっている。

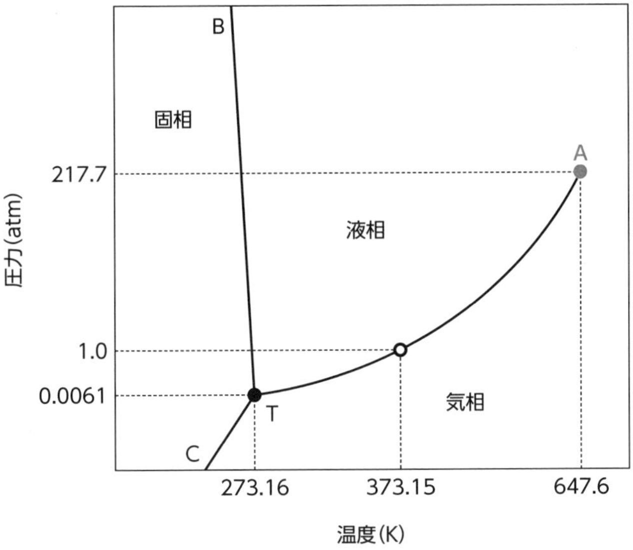

図 1-1　水の状態図

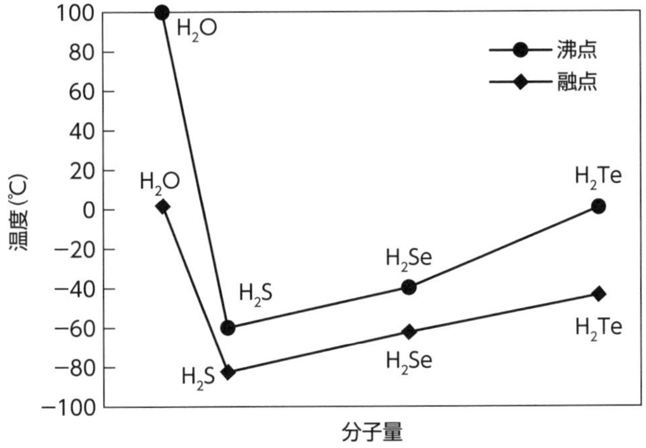

図 1-2　酸素族の水素化物の沸点と融点

例題 1-1

次の図のグラフは、1 molの水に与えた熱量と温度の関係を示している。

(1) 区間①-②、②-③、③-④、④-⑤、それぞれに存在する状態は何か。

(2) 潜熱および顕熱を示すのはどの区間か。

(3) 融解熱および蒸発熱をa、b、c、dを使って示せ。

(4) 液体の水1 molを1℃上昇させるのに必要な熱量[J]を、T_1、T_2、T_3、a、b、c、dを使って表せ。

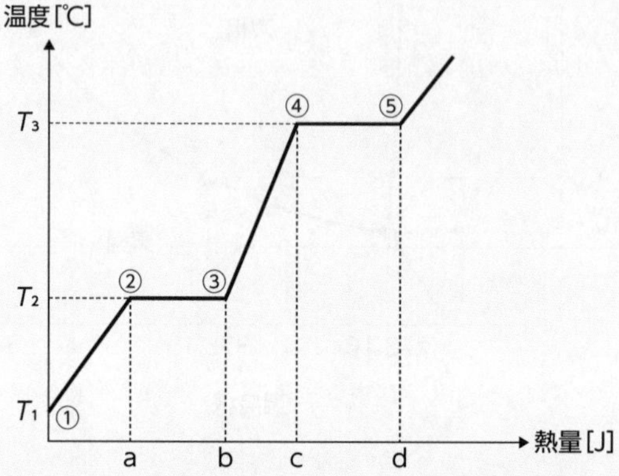

図1-3　1 molの水に加えた熱量と温度

解答

(1) 区間①-②：固体、区間②-③：固体と液体、区間③-④：液体、区間④-⑤：液体と気体

(2) 潜熱とは、熱を与えたときに状態変化を伴うが温度変化を伴わない熱のことであり、融解熱（区間②-③）と蒸発熱（区間④-⑤）を意味する。
顕熱とは、熱を与えたときに温度変化を伴うが状態変化を伴わない熱のことをいう。ここでは区間①-②、区間③-④、区間⑤以降である。

(3) 融解熱は$b-c$であり、蒸発熱は$d-c$に相当する。

(4) 区間③-④で与えられた熱量は$c-b$[J]で、温度変化はT_3-T_4であることから、水1 molを1℃上昇させるのに必要な熱量は$\frac{c-b}{T_3-T_2}$[J]となる。

1-1-3　溶液濃度の示し方

溶液の濃度の示し方にはいくつかあるが、代表的なものをここで紹介する。また、ある温度で溶質は溶媒にいくらでも溶けるわけではなく、ある濃度でそれ以上溶けなくなる。このように最大限に溶質を溶かした状態を**飽和**といい、その水溶液を飽和水溶液という。飽和水溶液が示す濃度を飽和濃度といい溶解度と等しくなる。ふつう、溶解度は温度によって異なる値を示す。

$$\text{質量百分率}\ (\text{wt}\ \%) = \frac{\text{溶質の質量}\ (\text{g})}{\text{溶液の質量}\ (\text{g})} \times 100$$

$$\text{体積百分率}\ (\text{vol}\ \%) = \frac{\text{溶質の体積}\ (\text{mL})}{\text{溶液の体積}\ (\text{mL})} \times 100$$

$$\text{モル分率}(\text{-}) = \frac{\text{溶質の物質量}\ (\text{mol})}{\text{溶媒の質量}\ (\text{mol}) + \text{溶質の質量}\ (\text{mol})}$$

$$\text{モル濃度}(\text{mol/L}) = \frac{\text{溶質の物質量}\ (\text{mol})}{\text{溶液の体積}\ (\text{L})}$$

$$\text{百万分率}(\text{ppm}) = \frac{\text{溶質の質量}\ (\text{g})}{\text{溶液の質量}\ (\text{g})} \times 10^6 \quad \text{または} \quad \frac{\text{溶質の体積}\ (\text{mL})}{\text{溶液の質量}\ (\text{mL})} \times 10^6$$

例題1-2

溶液の質量百分率、体積百分率、モル分率、モル濃度に関する問いに答えよ。

(1) 体積百分率で20.0%の四塩化炭素(CCl_4)のベンゼン(C_6H_6)溶液250 mL中には何mLの四塩化炭素が含まれるか。また四塩化炭素の濃度を質量百分率、モル分率、モル濃度で示せ。四塩化炭素およびベンゼンの密度(20℃)をそれぞれ1.594 g/cm^3、0.876 g/cm^3とする。また分子量はそれぞれ、153.8と78.1である。

(2) 2.0 mol/Lの水酸化ナトリウム(NaOH)水溶液25 mLを蒸発乾固すると、何gのNaOHを得ることができるか。得られたNaOHを水に溶かして100 mLの水溶液を作ると何mol/Lの水溶液となるか。

解答

(1) 四塩化炭素の体積は、 $250 \times 0.20 = 50.0$ (mL)

四塩化炭素の質量：$50 \times 1.594 = 79.7$ (g)

ベンゼンの質量：　$200 \times 0.876 = 175.2$ (g)

よって四塩化炭素の重量百分率は次のとおり。

$79.7 \div (79.7+175.2) \times 100 = 31.3$ (wt%)

四塩化炭素の物質量：79.7 ÷ 153.8 = 0.518 (mol)

ベンゼンの物質量：　175.2 ÷ 78.1 = 2.243 (mol)

四塩化炭素のモル分率：0.518 ÷（0.518 + 2.243）= 0.18

四塩化炭素のモル濃度：0.518 ÷ 0.25 = 2.07 (mol/L)

（2）2.0 mol/Lの水溶液25mLに含まれているNaOHの重量を求めるとよい。

0.025 × 2.0 = 0.050 (mol)

0.05 × 40 = 2.0 (g)

また水溶液全体を100 mLとした新しい水溶液のモル濃度は、0.05 ÷ 0.1 = 0.5 (mol/L)となる。

例題 1-3

希薄な水溶液では溶液と溶質の質量に対する百万分率(ppm)がmg/Lと等しく扱えることを示せ。

解答

仮に1 ppmの水溶液を考える。その溶質と溶液の質量(g)の関係は次の通りである。

$$1\ \mathrm{ppm} = \frac{1\ (\mathrm{g})}{1{,}000{,}000\ (\mathrm{g})}$$

希薄な水溶液の場合、その水溶液の密度はほぼ水と等しい1.0 g/cm^{3}とすることができる。よって分母の単位のgをcm^3（= mL）に置き換えることができる。さらに分母と分子をそれぞれ1000で割り、それぞれの単位を読み替えると次のようになる。

$$\frac{1\ (\mathrm{g})}{1{,}000{,}000\ (\mathrm{mL})} = \frac{0.001\ (\mathrm{g})}{1{,}000\ (\mathrm{mL})} = \frac{1\ (\mathrm{mg})}{1(\mathrm{L})} = 1(\mathrm{mg/L})$$

CHAPTER 1

1-2　水と溶質の相互作用

1-2-1　溶解と水和

砂糖が水に溶ける、食塩が水に溶けるなどから分かるように、水は多くの物質をよく溶かす溶媒である。このとき溶質と溶媒である水の間に強い相互作用が働いて溶質が水に溶ける。一方、ナフタレンがベンゼンに溶解する場合、溶質-溶媒間の相互作用がほとんどなく、互いに均一に混ざり合った状態である。

水溶液においては、溶質―水の相互作用すなわち**水和**が溶解に寄与している。砂糖やエタノールが水に溶ける現象では、水分子の-OHまたは-Hとそれぞれの分子が親和して互いに溶けあうと説明でき、電解質の場合にはイオンが水溶液の中で、水分子に囲まれた状態になり安定化するためと説明できる。水和は水分子が他の分子をひきつける現象、溶媒の水分子と相互作用して集団をつくる現象、またはイオンなどを水分子が取り囲む現象と説明される。一般的に電解質の溶解は化学反応とみなされ**溶解反応**という。

Bockrisによると、電解質の溶解に伴うイオンの水和において一次水和と二次水和の2種類があると説明している。図1-4の概念図のように、一次の水和水はイオンと強く引き合っているのに対し、二次の水和水は一次の水和殻の外側に位置し、一次水和殻にゆるく静電的相互作用によりつながっている。一次水和水と二次水和水にはエネルギー的に明確な違いがないことから、測定方法によってはイオンに水和している水分子の数（水和数）は異なる。異なる手法によって測定された、いくつかのイオンの水和数の例を表に示す。

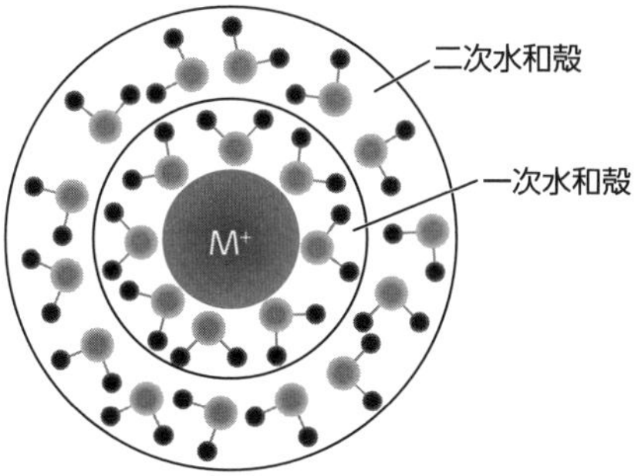

図1-4　陽イオンへの一次水和と二次水和の概念図

表1-1　NMR測定またはXRD回折から求められたイオンの水和数

イオン	NMRによる水和数	XRDによる水和数
Li^+	3	4
Na^+	3.5	4
Co^{2+}	6	6
Cl^-	1	6
I^-	1	6

また、水分子は分子内に電荷の偏りがあるため部分的に分極している。水分子は電場内におくと誘電分極を生じるが、基本的には電気的に絶縁体といえる（ただしわずかにイオン解離していることから解離したプロトンH^+や水酸化物イオンOH^-が水の電気伝導性に寄与している）。

塩化ナトリウム$NaCl$の結晶はナトリウムイオンNa^+と塩化物イオンCl^-の強い静電気的相互作用すなわちイオン結合によって作られている。これが水に溶けるとイオンに解離し、Na^+とCl^-それぞれが水和されてバラバラになる。そのときこれら陽イオンと陰イオンの間にはたらく静電気的相互作用を溶媒である水が持つ誘電性（絶縁性）によって阻んでいる状態となる。

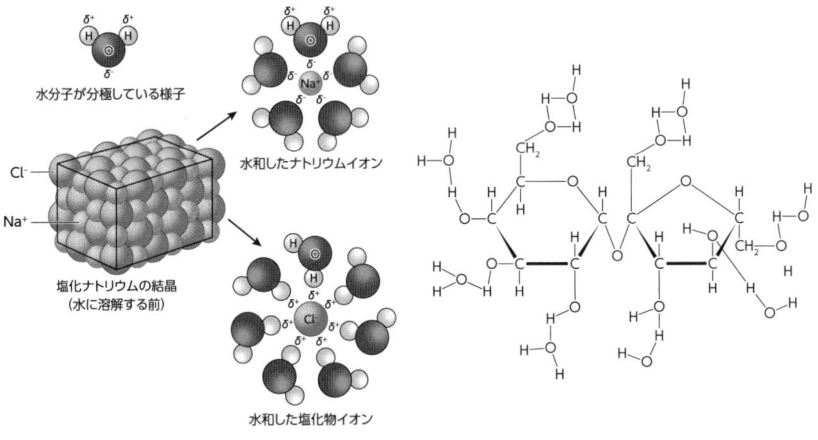

図1-5　塩化ナトリウム（左）およびスクロース（右）の水への溶解と水和のイメージ

また、Ni^{2+}、Co^{2+}、Fe^{2+}、Cu^{2+}など遷移元素のイオンの水和においては水分子の配位による錯イオンが形成され独自の色を呈することもある。

1-2-2　物質の水への溶解の駆動力

物質の溶解の原動力は二つの方法で説明できる。ひとつは溶解反応（現象）がエネルギー的に安定な方向かどうかである。Bornの理論によると、水和によるイオンの安定化エネルギー（イオンになりやすさ）はイオン半径が大きいほど、またイオンの電荷が大きいほど大きくなるとされ、次式で表される（ここでzはイオンの価数、aはイオン半径[Å]）。

$$\text{イオンの安定化エネルギー} = -\frac{z^2}{a} \times 686\ [\mathrm{kJ/mol}]$$

もうひとつの方法は、溶解反応におけるエントロピー（乱雑さ）の増大がどれだけ大きいかである。エントロピーの値は反応のギブズ自由エネルギー変化にも反映され、その値が負で大きいほど自発的に溶解することになる（第I巻第10章参照）。

例題 1-4

塩化銀AgClおよび塩化ナトリウムNaClの水への溶解反応のギブズ自由エネルギー変化ΔG^0の値をそれぞれ＋56 kJ/mol、－9 kJ/molとし、溶解度積の定義式から水溶液中のそれぞれのイオン濃度（溶解度）を算出してみよ。ただし、T=298 [K]、R=8.31 [J/(K/mol)]とする。

また、飽和に達した塩化銀水溶液に、塩酸HCl 0.1 mol/Lを加えると溶解度はどうなるか。

解答例

それぞれの塩の溶解に関する平衡式と平衡定数（溶解度積）は次のようになる。温度が同じであれば溶解度積K_{sp}は一定となる。

$$AgCl \rightleftarrows Ag^+ + Cl^- \quad K_{sp}(AgCl) = [Ag^+][Cl^-]$$
$$NaCl \rightleftarrows Na^+ + Cl^- \quad K_{sp}(NaCl) = [Na^+][Cl^-]$$

溶解反応のギブズ自由エネルギー変化の式、$\Delta G^0 = -RT\ln K_{sp}$にT=298 [K]、R=8.31 [J/(K/mol)]、それぞれのΔG^0値を代入してK_{sp}を求め、各イオンの濃度を求めるとよい。

$\Delta G^0 = -RT\ln K_{sp}$　より、$K_{sp} = e^{-\frac{\Delta G^0}{RT}}$

$K_{sp}(AgCl) = 1.5 \times 10^{-10}$ [mol^2/L^2]、よって [Ag^+] = [Cl^-] = 1.2×10^{-5} [mol/L]

$K_{sp}(NaCl) = 38$ [mol^2/L^2]、よって [Na^+] = [Cl^-] = 6.2 [mol/L]

一般に、ある電解質の水溶液に、その電解質を構成するイオンと同じ種類のイオンを生じる別の物質を加えると、元の電解質の溶解度が小さくなる。このような現象を共通イオン効果という。塩化銀AgClのような難溶性塩の場合は、共通イオンがあると、溶解度が大きく変わる。

飽和水溶液の状態にあるAgClの溶液の溶解度積は $[Ag^+][Cl^-] = 1.5 \times 10^{-10}$ である。よって、塩酸HCl 0.1 mol/Lを加えると、溶解度Sは次のようになる。溶解度積K_{sp}は一定であることから、次の関係となる。

$$K_{sp} = [Ag^+][Cl^-] = S \times (0.1 + S) = 1.5 \times 10^{-10}$$

上式を解くと、溶解度Sは約1.5×10^{-9}[mol/L]となる。

つまり、塩酸を加えていないときの溶解度S = 1.2×10^{-5} [mol/L]に対して、4桁も溶けにくくなることがわかる（AgClの沈殿が生じる）。

難溶性塩は、共通イオン効果の影響が強く、溶解度が大きく変わるが、易溶性塩の場合は、共通イオン効果の影響が小さく、溶解度はその温度でほぼ一定である。

1-2-3　様々な物質の水への溶解度

無機物の水に対する溶解度の温度依存性は図1-6のようにそれぞれ異なっている。一般的に溶解度は水100 gに対して最大限、溶解する溶質の重量(g)で示される。

水に対する固体の溶解度は、温度の上昇と共に大きくなる物質が多い。電解質の水への溶解反応のほとんどが、水分子の働きによって温度を上げるほどイオン解離が促進される。ただし、グラフのように食塩NaClの溶解度はほとんど温度変化を示さないことがわかる。この理由は食塩NaClの溶解熱が小さいことや、水和している水分子によるNa^+-H_2Oのイオン-双極子結合力が温度の上昇ともにゆるくなることで説明される。

この高温における水分子によるカチオンへのイオン-双極子結合力の変化は、イオン半径が大きいものほどもともと結合力が小さいため温度上昇によって低下しないことがわかっている。

硫酸ナトリウムの場合、40℃付近で不連続なカーブを描いている。硫酸ナトリウムは32.4 ℃まではで十水和物を形成しているため最初は水和水に溶けていくため、急激に溶解度が温度とともに上昇する。その温度以上では無水物となり溶解度は温度とともに減少に転じ水和の効果がほとんどなくなると考えられる。

また、溶解度の違いを利用した高温の電解質の混合物の冷却により**再結晶**を行うことができる。この再結晶による物質の精製は、この溶解度の温度依存性を利用した精製法として混合物の分離に利用されている。

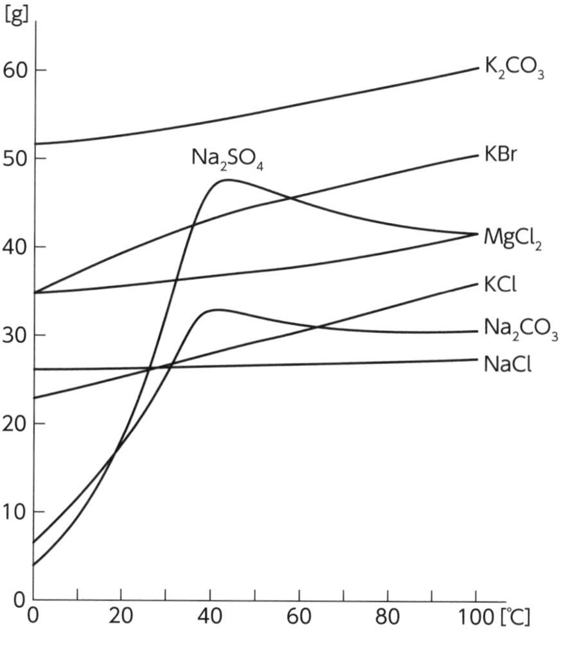

図1-6　溶解度曲線の例

例題 1-5

溶解度に関する次の問いに答えよ。

(1) 20 ℃における硫酸銅（Ⅱ）の溶解度は無水物で21とする。20 ℃における硫酸銅（Ⅱ）の飽和水溶液100 g 調製するには、硫酸銅五水和物$CuSO_4 \cdot 5H_2O$

何gを必要とするか。

(2) 20 ℃において、20 gの$Na_2CO_3 \cdot 10H_2O$を180 gの水に溶かした。この溶液にはさらに$Na_2CO_3 \cdot 10H_2O$をあと何g溶かすことができるか。ただし、20 ℃におけるNa_2CO_3の溶解度は20とする。

解答例

(1) それぞれの原子量をCu=64、S=32、O=16、H=1とすると、それぞれの式量は$CuSO_4 \cdot 5H_2O$=250、$CuSO_4$=160となる。

（飽和溶液中の無水物の質量）=（結晶中の無水物の質量）の関係を使う。

飽和溶液中の無水物の質量は、$21 \times \frac{100}{(100+21)}$であり、硫酸銅五水和物中の無水物の質量は、硫酸銅五水和物の質量をx(g)とすると$x \times \frac{160}{250}$となる。

$x \times \frac{160}{250} = 21 \times \frac{100}{(100+21)}$を解くと、このとき必要な硫酸銅五水和物の質量$x$は約27(g)となる。

(2) それぞれの原子量をNa=23,C=12,O=16,H=1とすると、それぞれの式量は$Na_2CO_3 \cdot 10H_2O$=286、Na_2CO_3=106となる。

(1)と同様、（飽和溶液中の無水物の質量）=（結晶中の無水物の質量）の関係を使う。溶解度20なので、さらに溶かすことができる結晶の質量をxとすると$20 \times \frac{(180+20+x)}{(100+20)} = (20+x) \times \frac{106}{286}$であり、$x$は約127(g)となる。

参考文献

大滝仁志・田中元治・舟橋重信著、「溶液反応の化学」、学会出版センター、1994年

渡辺正・北條博彦著、「高校で教わりたかった化学(大人のための科学)」、日本評論社、2008年

Ma. del Rosario Moreno Virgen, Omar Francisco González Vázquez, Virginia Hernández Montoya and Rigoberto Tovar Gómez (June 27th 2018). Removal of Heavy Metals Using Adsorption Processes Subject to an External Magnetic Field, Heavy Metals, Hosam El-Din M. Saleh and Refaat F. Aglan, IntechOpen, DOI: 10.5772/intechopen.74050.
https://www.intechopen.com/books/heavy-metals/removal-of-heavy-metals-using-adsorption-processes-subject-to-an-external-magnetic-field

COLUMN

超純水

　水の電気伝導率（導電率）はその温度で存在するイオンの電気伝導率の和で求められる。25℃における理論上の純水（不純物ゼロ）では、イオン解離によって生成するH^+とOH^-のみが存在するので、その値は0.05482 μS/cmである。よって、その逆数である比抵抗は18.24 MΩ・cmとなる。水の中に電解質の不純物が多く存在すれば当然、電気伝導率は高くなる。昨今のITブームにより高集積度の半導体がたくさん製造されているが、その製造工程ではレベルの高い超純水が要求される。その比抵抗は18 MΩ・cm以上とされ、いわば限りなく理論純水に近い水が必要となる。さらに、電解質だけでなく有機物による汚れの指標となるTOC表記も水質指標として定義づけられるようになり、そこに求められる濃度は1 ppb（1 μg/L）以下である。

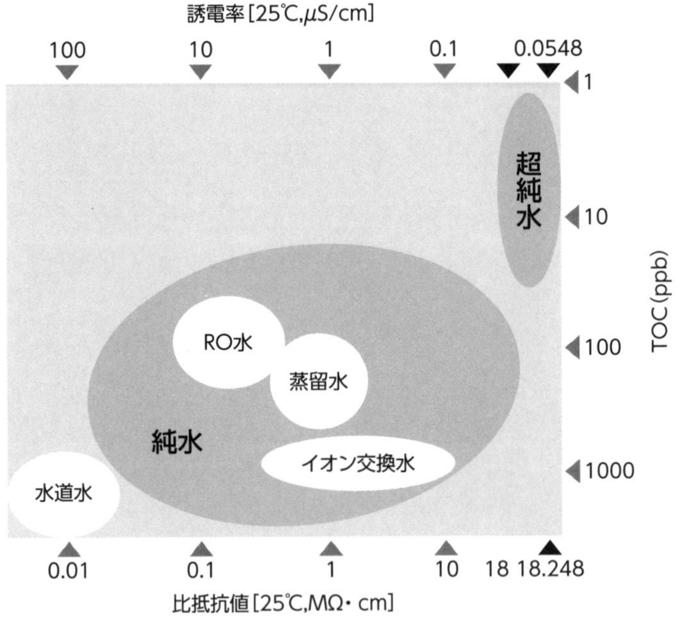

図1-7　水の電気伝導率

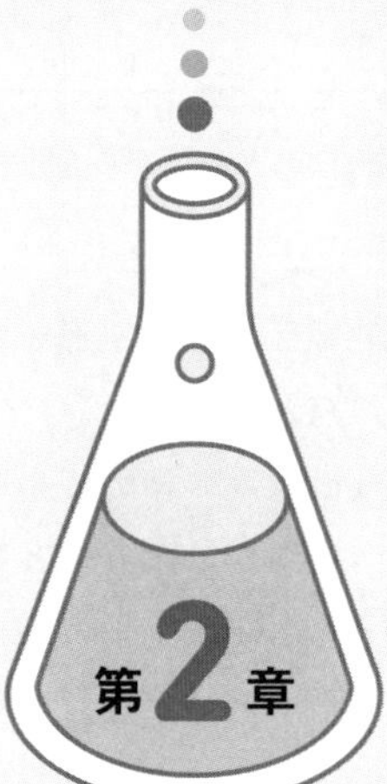

水溶液の基本物性

本章で学ぶ内容

1. 水の電離状態とpH
2. 酸解離定数と緩衝溶液
3. 理想溶液と実在溶液
4. 溶液の蒸気圧と浸透圧

水溶液の性質は、水の中に溶けている成分と水との相互作用だけでなく、溶質成分どうしの相互作用によっても影響を受ける。この章では水溶液における電解質の電離平衡、pH、緩衝作用、活量、蒸気圧や浸透圧などについて学ぶ。

CHAPTER 2

2-1　水の電離状態とpH

水は常温常圧でイオン解離してプロトンH^+と水酸化物イオンOH^-を形成することは、常温常圧で、常に一定のpH=7を示すことの原点となっている。

水の電離によって得られるプロトンH^+は、半径10^{-13} cm程度の極めて小さい粒子であり、その極めて高い表面電荷密度のため、溶液中では水分子と結合してオキソニウムイオン（ヒドロニウムイオンともいう）H_3O^+として存在する。オキソニウムイオンの大きさはK^+と同じぐらいにも関わらず、著しく高い電気伝導度を示す。これは、グロータス（Grotthus）によって提唱された理論、オキソニウムイオンそのものが水の中を移動するのではなく、オキソニウムイオン中のプロトンが、となり合っている水分子との水素結合を介してはじき出されて、プロトンが飛躍していくプロトンリレーの機構で説明されている。この機構はグロータス機構とも呼ばれ、このプロトンリレー移動の現象はすでに直接観測がなされている。また、より水分子の少ない状況、たとえば固体高分子燃料電池の膜の中でも、オキソニウムイオンは他の金属イオンよりも速く移動することがわかっており、ここではオキソニウムイオンそのものが移動するというビークル（vehicle）機構が提案されている。

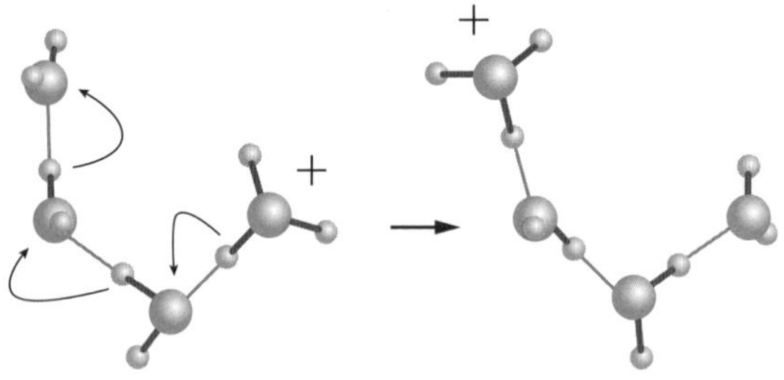

図2-1　グロータス機構において、水の中でプロトンH^+が伝わる様子

H_2Oのイオン解離においては、イオン解離してプロトンH^+と水酸化物イオンOH^-を形成する。

$H_2O \rightleftarrows H^+ + OH^-$のように示すこともできるが、次のようにオキソニウムイオンを使って示す方がより現実的といえる。

$$2H_2O\,(l) \rightleftarrows H_3O^+\,(aq) + OH^-\,(aq)$$

この反応は温度と圧力が一定のときは一定の値を示すが、温度と圧力によって変動する。平衡定数Kは次のように示され、水のイオン積K_wは次のように定義される。

$$K = \frac{[H_3O]^+}{[OH^-][H_2O]^2}、K_w = [H_3O^+]\,[OH^-]、pK_w = -\log_{10} K_w$$

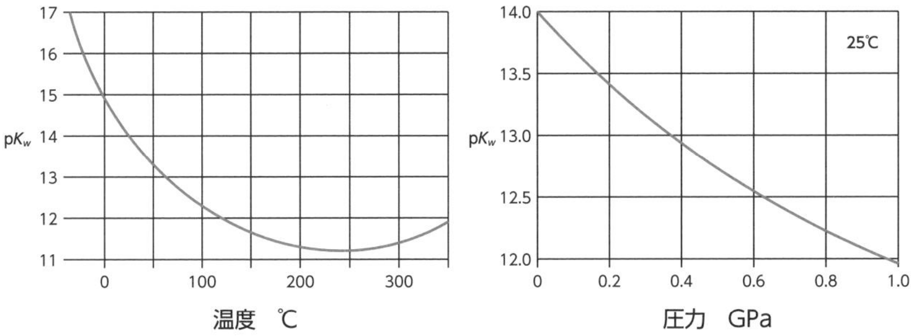

図2-2　水の自己解離定数pK_wの温度依存性（25MPa）と圧力依存性（25℃）

表2-1　水の自己解離定数

t/℃	K_w/mol^{2}dm^{-6}	中性における[H_3O^+]/mol dm^{-3}	中性のpH
0	1.15×10^{-15}	3.39×10^{-8}	7.47
25	1.00×10^{-14}	1.00×10^{-7}	7.00
50	5.30×10^{-14}	2.30×10^{-7}	6.64
100	4.99×10^{-13}	7.06×10^{-7}	6.15

例題2-1

pHの定義式、$pH = -\log\,[H_3O^+]$（簡易化のため$[H_3O^+] = [H^+]$とし、$pH = -\log\,[H^+]$と書いてもよい）を使って常温常圧における水のイオン積K_wとの関係をまとめよ。

解答

常温常圧（25℃、大気圧下）では表2-1より$K_w = 1.00 \times 10^{-14}$であるので水のイオン積の値を使うと、pHと水のイオン積K_wには次のような関係が導かれる。

$[H^+][OH^-] = 1 \times 10^{-14}$

$\log[H^+] + \log[OH^-] = -14$

または　$-\log[H^+] - \log[OH^-] = 14$

$pOH = -\log[OH^-]$

$pH + pOH = 14$　よって、$pH = 14 - pOH$

CHAPTER 2

2-2　酸解離定数と緩衝溶液

強い電解質（例えば塩化ナトリウムなど）は水に溶けて完全に電離するが、弱い電解質は水に溶かしても完全にイオン解離（または電離）しないため、一部のみがイオンになる。弱電解質の水溶液では、生じたイオンと電離していない分子とが平衡状態、すなわち電離平衡を示す。電解質全体の濃度に対し電離している電解質の割合を電離度といい、aなどの記号であらわす。

ブレンステッド酸（第Ⅰ巻、第13章を参照）について弱酸の解離平衡を次式のように書くと、平衡定数Kと酸解離定数K_aには下の関係式が成り立つ。

$$HA(aq) + H_2O(l) \rightleftarrows H_3O^+(aq) + A^-(aq)$$

$$K = \frac{[H_3O^+][A^-]}{[HA][H_2O]}$$

$$K_a = K \times [H_2O] = \frac{[H_3O^+][A^-]}{[HA]} \text{または} \quad K_a = \frac{[H^+][A^-]}{[HA]}$$

$$pK_a = \log_{10}\frac{1}{K_a} = -\log_{10} K_a$$

表2-2　弱酸の酸解離定数とpKaの値の例

酸	分子式	K_a(mol/L)	pK_a
ギ酸	HCOOH	1.8×10^{-4}	3.75
酢酸	CH3COOH	1.75×10^{-5}	4.756
安息香酸	C_6H_5COOH	6.25×10^{-5}	4.204
フェノール	C_6H_5OH	1.0×10^{-10}	9.99

例題2-2

酢酸CH_3COOHを例として、最初の酢酸濃度をc [mol/L]、電離度をaとするとpH、酸解離定数、電離度の関係について式を導け。導いた式を用いて、0.1 [mol/L]の酢酸水溶液のpHを求めよ。

解答例

酢酸の電離平衡は次のように書ける。

$$CH_3COOH \rightleftharpoons CH_3COO^- + H^+$$

$$c(1-a) \qquad ca \qquad ca$$

上式の平衡に達したときの各成分の濃度を各成分の下に示した。

$K_a = \dfrac{[H^+][A^-]}{[HA]}$ の関係に上記を当てはめると、

$$K_a = \frac{ca \times ca}{c(1-a)}$$

となる。ここで酢酸は弱酸であることから極めてαの値が小さく、$\alpha \ll 1$となるので、分母の　$(1-a) \fallingdotseq 1$と見なせ、上記式は簡易化されて　$K_a = ca^2$ となる。

よって、

$$a = \sqrt{\frac{K_a}{c}}$$

また、表より水素イオン濃度　$[H^+]$　は$c\,\alpha$なので

$$[H^+] = ca = c \times \sqrt{\frac{K_a}{c}} = \sqrt{cK_a}$$

よって

$$pH = -\log(\sqrt{cK_a})$$

となる。すなわち、αの値が与えられていなくてもpHを求めることができることがわかる。上の式に、C=0.1 [mol/L]および、表2-2よりK_a=1.75 × 10^{-5}の値を入れる。

$$[H^+] = \sqrt{cK_a} = 1.32 \times 10^{-3}$$

よってpH = 2.88

0.1 [mol/L]塩酸HCl（強酸であるので水溶液中で完全にイオン解離している）のpHが1であることに比べると、pH値が大きいことがわかる。

ある水溶液系で酸または塩基を加えても、または希釈をしてもpHが大きく

変化しないものを緩衝溶液とよぶ。またそのような作用を緩衝作用という。

pHは水素イオンすなわちオキソニウムイオンの濃度で決まるため、これを一定にできるのが緩衝作用にあたる。緩衝作用はpHやイオン強度に左右されるため、緩衝溶液は万能ではないものの、生物化学においては酵素活性を維持することができる溶媒として重要な役割を果たしている。

水溶液内で水素イオン濃度が減少したときには水素イオンを供与する酸（弱酸HA）が、水素イオン濃度が増加したときには水素イオンを受容する共役塩基（A^-）をたくさん水溶液中に生成する完全にイオン解離する塩（$NaA \rightarrow Na^+ + A^-$）を含むように水溶液を調製すれば緩衝作用が得られる。

例えば、酢酸CH_3COOHと酢酸ナトリウムCH_3COONaの混合水溶液は緩衝溶液である。酢酸CH_3COOHは水溶液中で、

$$CH_3COOH \rightleftarrows CH_3COO^- + H^+$$

の式が示すように一部のみが電離して平衡状態となる弱酸である。これに対して酢酸ナトリウムCH_3COONaは完全に電離して、

$$CH_3COONa \rightarrow CH_3COO^- + Na^+$$

の反応を示す。この酢酸ナトリウムから酢酸イオンCH_3COO^-が多量に生成するため、酢酸と酢酸ナトリウムの混合溶液では酢酸の平衡が左にかたより、酢酸と酢酸イオンが多量に存在する状態となる。この混合溶液に酸を加えた場合、

$$CH_3COO^- + H^+ \rightarrow CH_3COOH$$

となり、水素イオン（H^+）は酢酸分子となる。一方、この混合溶液に塩基を加えると、

$$CH_3COOH + OH^- \rightarrow CH_3COO^- + H_2O$$

で示される式のように酢酸イオンを形成するので、水酸化物イオン（OH^-）も増えない。これが酢酸と酢酸ナトリウム混合水溶液による緩衝作用の原理である。

緩衝溶液のpHは

$$K_a = \frac{[H^+][A^-]}{[HA]}$$

の式から、

$$[H^+] = K_a \times \frac{[HA]}{[A^-]}$$

を変形して、

$$pH = pK_a + \log \frac{[HA]}{[A^-]}$$

となる。

酢酸-酢酸ナトリウム緩衝溶液の場合、

$$pH = pK_a + \log \frac{[CH_3COOH]}{[CH_3COO^-]}$$

となり、酢酸の電離定数と酢酸と酢酸ナトリウムのモル濃度の比によってpHが決まることがわかる。この緩衝溶液を水で薄めても$\frac{[CH_3COOH]}{[CH_3COO^-]}$の値、つまり酢酸イオンと酢酸のモル比は変わらないのでpHは変わらない。

CHAPTER 2

2-3　理想溶液と実在溶液（活量と活量係数）

現実の水溶液は多成分を含む液体であることから、溶媒-溶媒相互作用、溶質-溶媒相互作用、溶質-溶質相互作用が発生しうる。理想溶液とは、これらの成分間の相互作用の差がない溶液のことをいい、その溶液を調製するときに体積変化や溶解熱が発生しない仮想的な溶液のことである。濃度が無限に薄いとき、その溶液は理想溶液と扱ってよく、そのとき熱力学の法則が成り立つ。

またpHの定義について $pH = -\log[H^+]$ の表し方ではある程度の濃度を示す実在の溶液においては厳密でない。実際にイオン濃度が高くなるほどその値にズレが生じるからである。実在の溶液における濃度cと熱力学的な濃度（活量）aとのズレを補正するのが活量係数である。活量とは、ある成分の溶液内での活動度を意味し、純粋な物質の活量は大気圧下、どの温度でも1と定義される。純粋な水はモル濃度で表せば55.5 mol/Lであるがその活量は1である。

活量はまわりに別の成分が存在すると互いに影響を及ぼしあうため、ふつう活量は低下する。化学種iの濃度 c_i と活量 a_i の関係は活量係数 γ_i を用いると、$a_i = \gamma_i \cdot c_i$ となる(重量モル濃度を用いると $a_i = \gamma_i \cdot m_i$ となり、γ_i の単位と値が変わるのに注意が必要)。

pHは厳密には、水素イオンの活量を用いて次のように表される。

$$pH = -\log[aH^+]$$

活量係数を考慮して、酢酸またはリン酸のpHを計算した例を表2-3と2-4に示した。

表2-3　酢酸のpH

濃度(M)	pH(活量係数あり)	pH(活量係数なし)
0.001	3.9	3.9
0.01	3.38	3.39
0.1	2.86	2.88
0.5	2.5	2.53

表2-4　リン酸のpH

濃度(M)	pH(活量係数あり)	pH(活量係数なし)
0.001	3.04	3.05
0.01	2.23	2.25
0.1	1.57	1.63
0.5	1.16	1.25

電解質溶液においては、電解質がイオン解離してカチオンとアニオンに分かれるために、実験的に個々のイオンの活量を分離して測定することが出来ない。そこで電解質の活量は、カチオンの活量をa_+、アニオンの活量をa_-とすると、平均のイオンの活量$a_\pm$として定義することになっている。したがって平均活量と同様に活量係数についても平均のもの平均活量係数、$\gamma_\pm$が用いられる。

電解質の活量$a = a_+ \cdot a_- = a_\pm^2$

さらに、多価イオンを含む電解質B_pA_qのイオン解離を考えると、

$BpAq \rightarrow pB^+ + qA^-$　のように水溶液中では複数のイオンに解離する。

活量と活量係数は以下のとおりに計算できる。

$$a = a_+^p \cdot a_-^q = a_\pm^{(p+q)}$$

$$\gamma_\pm = \frac{a_\pm}{m_\pm} = \frac{a_\pm}{m}(p^p \cdot q^q)^{\left(\frac{1}{p+q}\right)}$$

（ここで溶液の濃度は重量モル濃度m[mol/kg]で示したが体積モル濃度c[mol/L]で扱ってもよい。）

濃度が増えることによる、活量係数の変化はイオンどうしの静電気的な相互作用によるもので、Debye-Hückelの極限則では、活量係数は次式で表され、イオン強度Iの関数で与えられる。

$$\log \gamma_\pm = -0.5091|z_+ \cdot z_-|\sqrt{I}$$

ただしZ_+とZ_-は陽イオンと陰イオンの価数、Iは

$$I = \frac{1}{2}\sum c_i z_i^2$$

となる。イオン強度はイオンの影響度を示し、電解質溶液の活量係数とイオ

ン間の相互作用を関係づける。Debye-Hückelの式は，0.01 mol/Lより低い濃度の溶液では実験結果に良く合う。それよりも高濃度については拡張されたDebye-Hückelの式が考案されており、それに基づいて実測値の例と計算された各種イオンに対する活量係数の関係を図2-3に示した。

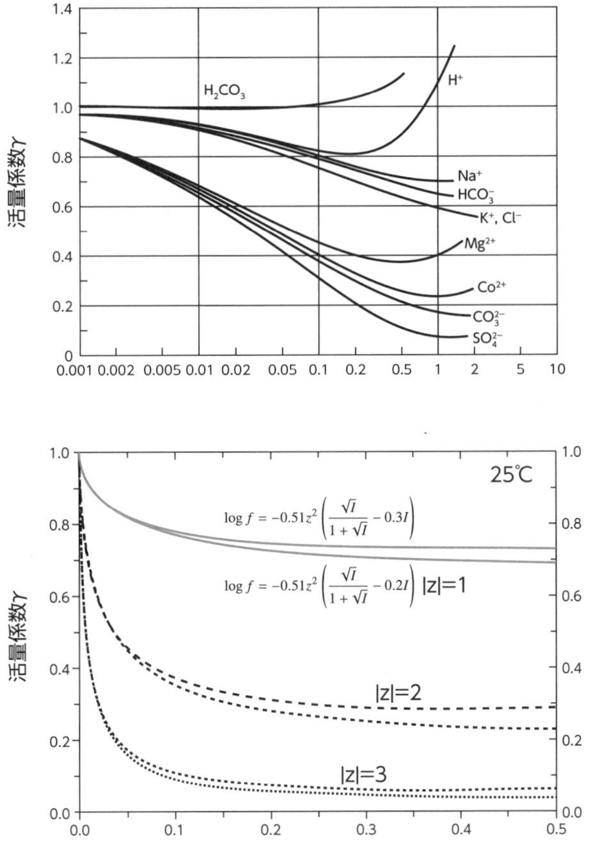

図2-3　活量係数とイオン強度の関係（上：測定値　下：計算値）

例題2-3

次のものを含む溶液のイオン強度を計算せよ。

(1) 0.1 mol/L 塩化ナトリウム NaCl水溶液

(2) 0.1 mol/L 硫酸ナトリウム Na_2SO_4 水溶液

(3) 0.3 mol/L 塩化カルシウム $CaCl_2$ 水溶液

(4) 4.8% 解離した 0.0078 mol/L 酢酸 CH_3COOH 水溶液

解答例

(1) $I = \frac{1}{2}(0.1 \times 1^2 + 0.1 \times (-1)^2) = 0.1$

(2) $I = \frac{1}{2}(0.2 \times 1^2 + 0.1 \times (-2)^2) = 0.3$

(3) $I = \frac{1}{2}(0.3 \times 2^2 + 0.3 \times 2 \times 1^2) = 0.9$

(4) $I = \frac{1}{2}(0.0078 \times 0.048 \times 1^2 + 0.0078 \times 0.048 \times 1^2) = 3.74 \times 10^{-4}$

例題2-4

Debye-Hückel の極限則に従って、25℃における 0.005 M $BaCl_2$ 水溶液の活量係数を計算せよ。

解答例

$$I = \frac{1}{2}(0.005 \times 2^2 + 0.005 \times 2 \times 1^2) = 0.015$$

活量係数は Debye-Hückel の極限則より,

$$\log \gamma_\pm = -\ 0.5091|z_+ \cdot z_-|\sqrt{I} = -\ 0.5091 \times 2 \times \sqrt{0.015} = -0.1247$$

よって、$\gamma_\pm = 0.750$

CHAPTER 2

2-4　溶液の蒸気圧と浸透圧

蒸気圧とは、ある物質の気相がその物質の液相または固相と相平衡にあるときの、その物質の気相の示す圧力のことである。純物質の蒸気圧は物質に特有の物性値である。溶液の場合、理想溶液では溶液の蒸気圧は各成分（純物質）が示す蒸気圧（分圧）の総和となる。

つまり温度一定における、溶液の示す蒸気圧P、純溶媒が示す蒸気圧p_i^0、溶液内の成分iが示す蒸気圧（分圧）p_x、成分iのモル分率x_iには次の関係が成り立つ。

$$P = \sum p_i \, , p_i = p_i^0 \times \mathrm{x}_i$$

これをラウールの法則といい、理想溶液におけるそれぞれの成分の蒸気圧が溶液中の各成分のモル分率に比例することを示している。しかし、実在の溶液のほとんどがこれに従わない。溶質と溶媒の性質の違いによりそれぞれが互いに影響を及ぼしあうからである。実在溶液の蒸気圧は、以下の2通りに分けられる。以下AとBの2種類の成分が溶け合う場合に、A－AあるいはB－B同種の相互作用（分子間引力）に比べ、A－B異種の相互作用が強い場合、蒸気圧は理想溶液よりも小さくなり負のずれを示す。また、A－AあるいはB－B同種相互作用に比べ、A－B異種相互作用が弱い場合、蒸気圧は理想溶液よりも大きくなり正のずれを示す。

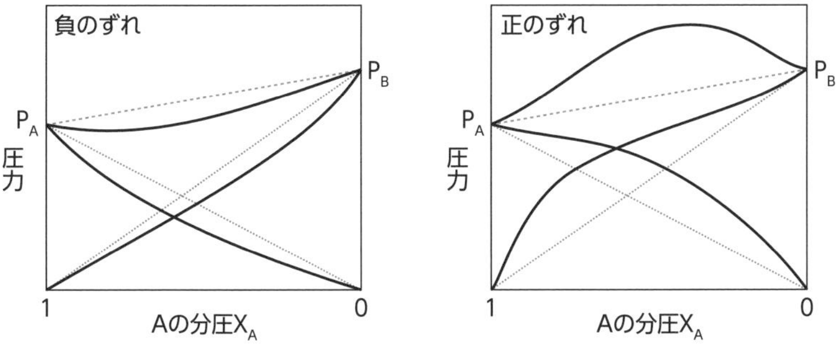

図2-4　実在溶液のラウールの法則からの負のずれと正のずれ

実在の溶液も、十分に希薄な場合には上記のような相互作用が無視できるため理想溶液のような挙動をとるため、溶質の蒸気圧p_Aは溶質濃度x_Aに比例することをHenryが示した。溶質と溶媒によって決まる比例定数をk_Aとすると、次式の関係が成り立つ。

$$p_A = k_A \cdot x_A$$

また溶質が気体の場合、上式は溶液中の気体のモル分率と気相での蒸気圧が比例することを意味する。モル分率が充分に小さい範囲ではモル分率は濃度に比例するので「気体の溶解度は圧力に比例する」ともいえ、これもヘンリーの法則である。

例題2-5

25℃における、純ベンゼンおよび純トルエンの蒸気圧は、それぞれ12.6 kPa、3.8kPaである。いまトルエンのモル分率0.6のベンゼン-トルエン混合溶液があり、それが理想溶液として扱えるものとする。ここで蒸気と溶液が平衡にあるときの蒸気の組成を求めよ。

解答

この溶液ではトルエンのモル分率が0.6なのでベンゼンのモル分率は0.4である。

ラウールの法則からベンゼンの気体の分圧p_Bとトルエンの気体の分圧p_Tおよび混合物の全蒸気圧（全圧）pは次のように求められる。

p_B= 12.6[kPa] × 0.4 = 5.04 [kPa]

p_T = 3.80 [kPa] × 0.6 = 2.28 [kPa]

p = 5.04 + 2.28 = 7.32 [kPa]

よって蒸気の組成をそれぞれx_B、x_Tとすると、

x_B = 5.04 ÷ 7.32 = 0.69

x_T = 2.28 ÷ 7.32 = 0.31

よってベンゼンとトルエンの比は、0.69：0.31　となる。

混合物（溶液）の物性を記述するため、混合気体で示される分圧のように、溶液の各成分が示す性質として、部分モル量が便利であり、そのうち部分モル体積について示す。

たとえば水1molに水1molを加えて増える体積は18mLであるのに、エタノール1molに水1molを加えて増える体積は14mLである。混合物中の成分の部分モル体積は、組成によって変化する。これは、先に示した分圧の変化と同様に分子間の相互作用（引力）が変化するためである。

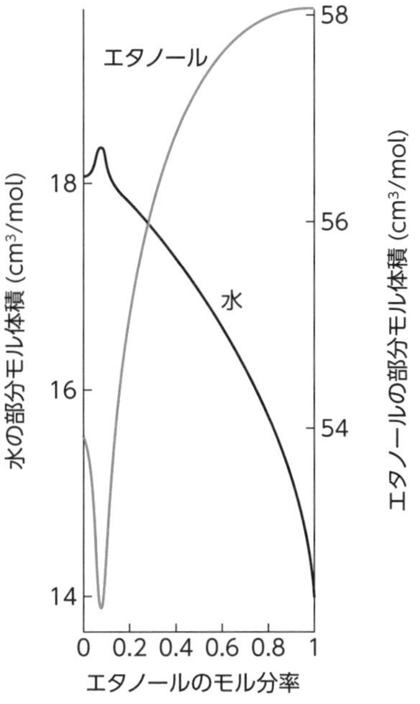

図2-5　水ーエタノール系の部分モル体積とモル分率の関係

混合物（溶液）の全体積変化は、圧力，温度，他の成分の量をすべて一定にして成分Aをdn_A、成分Bをdn_B追加したとき次のように表される。最終体積は積分によって計算できる。

$$dV = \left(\frac{\partial V}{\partial n_A}\right)_{p,T,n_B} \quad dn_A = \left(\frac{\partial V}{\partial n_B}\right)_{p,T,n_A} \quad dn_B = V_A dn_A + V_B dn_B$$

$$V = \int_0^{n_A} V_A dn_A + \int_0^{n_A} V_B dn_B = V_A \int_0^{n_A} dn_A + V_B \int_0^{n_A} dn_B$$
$$= V_A n_A + V_B n_B$$

基本原理として、異相（たとえば気相と液相）が平衡であるとき、ある化学種の化学ポテンシャルはどの相でも同じになる。物質の化学ポテンシャルは、混合物の全ギブズエネルギーの注目する物質の量に対する勾配に等しくなる。また混合物中の物質の化学ポテンシャルは部分モルギブズエネルギーで与えられる。

$$\mu_J = \left(\frac{\partial G}{\partial n_J}\right)_{p,T,n'} \quad G = n_J G_{j,m}$$

純物質の化学ポテンシャルは物質のギブズ自由エネルギーと同じになる。

$$\mu_J = G_{j,m}$$

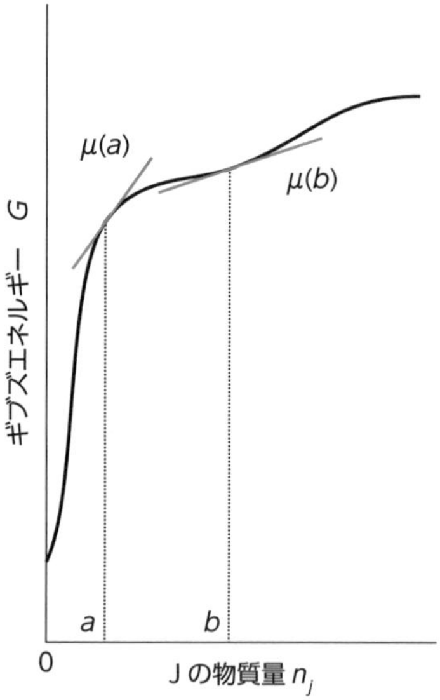

図2-6　混合物（溶液）のギブズエネルギーと物質量の関係

混合物（溶液）にみられる、凝固点降下や沸点上昇は、一定量の溶媒中に存在する、溶質の物質量（粒子数）にのみ依存し、粒子のもつ固有の性質には依存しないため、束一的性質と呼ばれる。この現象は、溶媒の化学ポテンシャルが溶質の存在によって下げられることによる。

モル分率x_Aの溶質Aの存在により、溶液の化学ポテンシャルは、純溶媒に対して$RT \ln x_A$だけ減少するため、図2-7のように凝固点は降下し、沸点は上昇する。

また、半透膜の存在下、溶媒だけの移動にともない発生する浸透圧は、溶液の濃度cと、溶媒のもつ性質にのみ依存するので、上記と同じく、束一的性質である。

浸透圧πは、$\pi V = n_A RT$（または$\pi = cRT$）で与えられ、この式より溶質Aの分子量などを決めることができる。

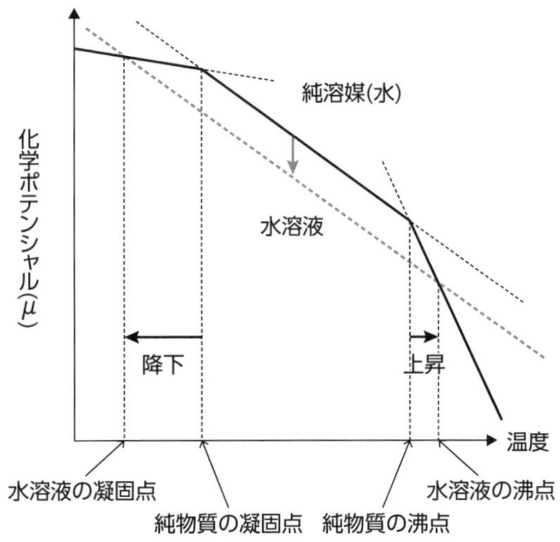

図2-7　純溶媒と溶液の化学ポテンシャル

参考文献

大滝仁志・田中 元治・舟橋重信著、「溶液反応の化学」学会出版センター(1977)

西山成二・塚田雅夫著、「緩衝溶液についての一考察-緩衝溶液および混合緩衝溶液の緩衝作用-」順天堂医学44巻 Supplement 号、p. S1-S6 (1999年)

平尾 一之・田中 勝久・中平 敦著、「無機化学—その現代的アプローチ」東京化学同人 (2002)

Kumagai T, Shiotari A, Okuyama H, Hatta S, Aruga T, Hamada I, Frederiksen T, Ueba H.「H-atom relay reactions in real space.」Nature Materials. Published online 27 November 2011. doi:10.1038/nmat3176.

IAPWS R11-07およびA. V. Bandura and S. N. Lvova, The ionization constant of water over wide ranges of temperature and density, Journal of Physical Chemistry Reference Data, 35 (2006) 15-30.

森山徐一郎・幸塚善作・大石敏雄著「溶液の熱力学」、日本金属学会会報、p. 764-776、9巻、12号(1970)

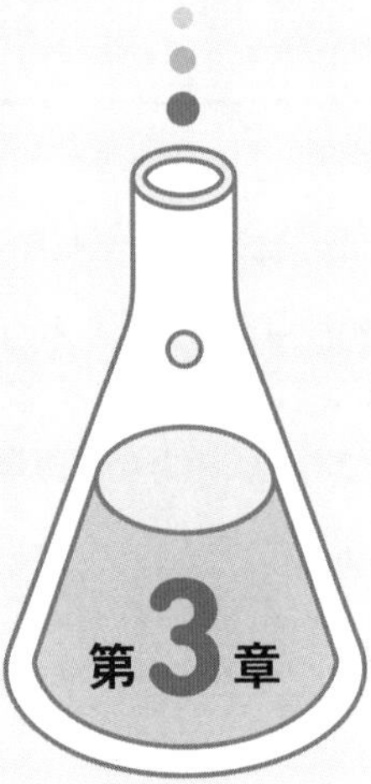

電気化学を学ぶ準備

本章で学ぶ内容

1. 電磁気学の基礎（静電場）
2. 直流回路
3. 電解質溶液の性質

大学に入学すると、まず、一般教育科目を履修する。その中で電磁気学を勉強すると思う。電磁気学は、化学の分野の重要な基礎になるのだが、大学で学ぶ電磁気学はベクトル解析を基礎とした表記で進むので、化学の学生には敷居が高いものになっている。化学では、高校物理の範囲の電磁気学が理解できていれば十分なケースが多い。本章では、化学で必要な高校物理＋αの電磁気学を解説し、次章からので電気化学につなげる。また、電気化学においても重要な直流回路と次章からの電気化学の基礎となる電解質溶液の性質ついても解説をする。

3-1　電磁気学の基礎

高校物理では出てこないと思うが、場という言葉を聞いたことがあると思う。場は「ある物理量（電気的な力、磁力、重力など）の作用がおよぶ空間」と考えれば理解しやすいと思う。電気的な力の及ぶ空間は電場であり、磁力なら磁場、重力なら重力場となる。

電磁気学では、電場と磁場での現象を取り扱う。ただし、本章では、化学で扱う事象が最も関係する静電場について解説する。他に化学で重要な、半導体は第12章で、誘電体と磁性体については第13章で扱う。

3-1-1　クーロンの法則

クーロンの法則は、電場中で物体に働く力に関しての法則である。どのような力であっても、その大きさと作用する方向を考える必要がある。つまり、力は、本来ベクトルとして取り扱わなければならない（ベクトルの基礎は、第6章の章末で解説している）。

図3-1のように、電荷q_1[C]とq_2[C]が距離r [m]離れて置かれているとき、電荷q_2[C]が電荷q_1[C]から受ける力（単位はN）は、

$$\vec{F} = \frac{1}{4\pi\varepsilon_0}\frac{q_1 q_2}{r^2}\frac{\vec{r}}{|\vec{r}|}$$

となる。ここで、Cはクーロンとよぶ電気量の単位である。ε_0は真空中の誘電率である。電荷q_1[C]が電荷q_2[C]から受ける力は、

$$-\vec{F} = \frac{1}{4\pi\varepsilon_0}\frac{q_1 q_2}{r^2}\frac{\vec{r}}{|\vec{r}|}$$

である。つまり、大きさは同じで、方向が逆になるわけである。また、この式は、高校物理の教科書でみる形とは、少し違うと思う。$\frac{\vec{r}}{|\vec{r}|}$は、力の働く方向の単位ベクトルを示しており、2つの電荷の間に働く力の大きさと方向を同時に示している。高校物理でみる式は大きさだけを表しており、

$$\left|\vec{F}\right| = \frac{1}{4\pi\varepsilon_0}\frac{|q_1 q_2|}{r^2}$$

とすると、よく分かると思う。

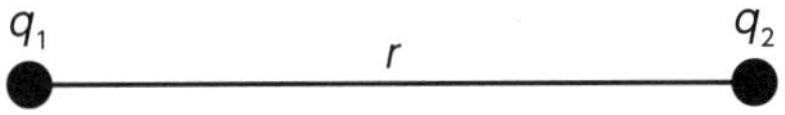

図3-1 クーロンの法則1

POINT

電荷間に働く力を求めることが出来る。

例題3-1

図3-2に示す2つの電荷の間に働く力の大きさと方向を求めよ。図中に示す矢印の方向を正とする。

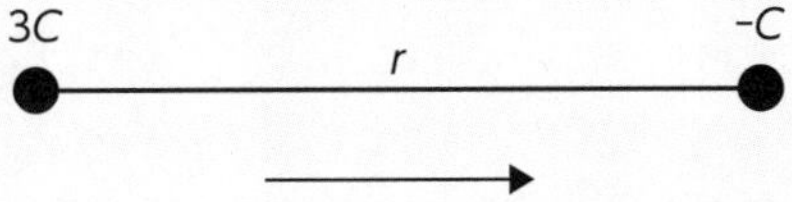

図3-2 例題3-1問題

解答

力の大きさ：$\vec{F} = \frac{1}{4\pi\varepsilon_0}\frac{q_1 q_2}{r^2}\frac{\vec{r}}{|\vec{r}|} = \frac{1}{4\pi\varepsilon_0}\frac{3\times(-1)}{r^2} = \frac{-3}{4\pi\varepsilon_0 r^2}$

力の方向は互いに引き合う方向で、引力となっている。

次に、図3-3のように、3つの電荷q_1[C]、q_2[C]、q_3[C]が配置されている。このとき、電荷q_3[C]が電荷q_1[C]、q_2[C]より受ける力は、

$$\vec{F} = \frac{1}{4\pi\varepsilon_0}\frac{q_1 q_3}{{r_2}^2}\frac{\vec{r}_2}{|\vec{r}_2|} + \frac{1}{4\pi\varepsilon_0}\frac{q_2 q_3}{{r_1}^2}\frac{\vec{r}_1}{|\vec{r}_1|}$$

となる。電荷q_3[C]が電荷q_1[C]より受ける力と電荷q_3[C]が電荷q_2[C]より受ける力の和になる。

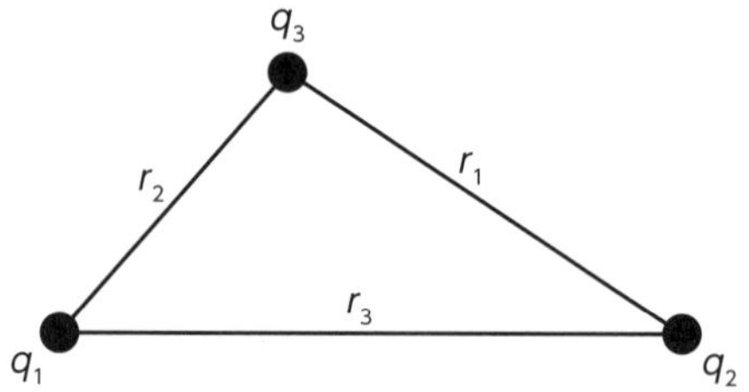

図3-3　クーロンの法則2

例題3-2

図3-4のように、1辺の長さがrの正三角形の各頂点に電荷q_1、q_2、q_3が配置されている。$q_1 = q_2 = q$で、全ての電荷が正の場合、電荷q_3が電荷q_1、q_2より受ける力の大きさを求めよ。

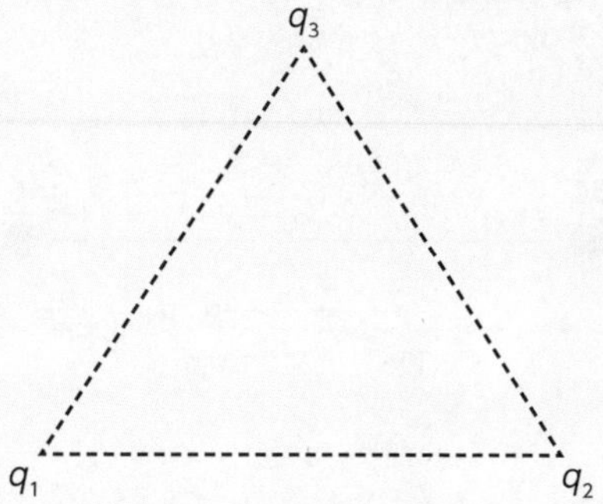

図3-4　例題3-2問題

解答

$q_1 = q_2 = q$より、

$$\left|\vec{F}\right| = \frac{1}{4\pi\varepsilon_0}\frac{|qq_3|}{r^2}\cos 30^\circ + \frac{1}{4\pi\varepsilon_0}\frac{|qq_3|}{r^2}\cos 30^\circ = \frac{1}{2\pi\varepsilon_0}\frac{|qq_3|}{r^2}\frac{\sqrt{3}}{2} = \frac{\sqrt{3}}{4\pi\varepsilon_0}\frac{|qq_3|}{r^2}$$

となる。力の方向は図3-5のようになる。

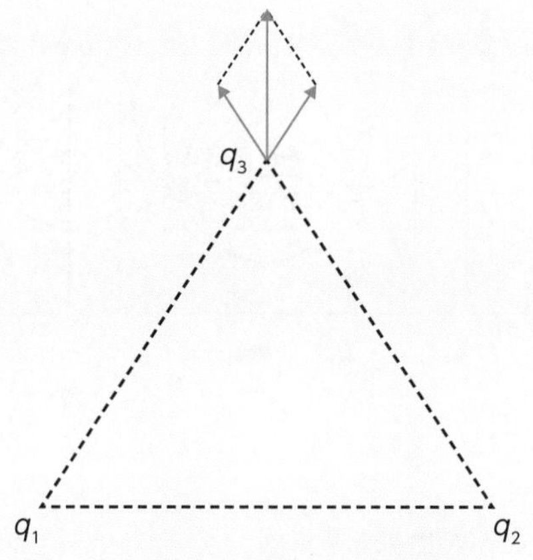

図3-5　例題3-2解説

3-1-2　電場の大きさと電位

電場は、ある空間で+1Cの電荷が静置されたとき、その電荷が受ける電気的な力をいう。単位は[N/C]である。電荷Q[C]が、距離r[m]の点Pに作る電場（単位はN/C）は、$\vec{E} = \dfrac{1}{4\pi\varepsilon_0}\dfrac{Q}{r^2}\dfrac{\vec{r}}{|\vec{r}|}$となる。点Pに電荷$q$[C]を置いたとき、点Pの電荷が受ける力は$\vec{F} = q\vec{E}$となる。

電場の様子を視覚的に表したものが、図3-6に示す電気力線である。電気力線の接戦方向が電場の向きになる。また、電気力線は、正電荷から出て、負電荷に入る。図3-6Aは正電荷から出る様子を表し、図3-6Bは正電荷と負電荷の場合、図3-6Cは正電荷同士の場合の電気力線の様子を示している。負電荷同士の場合は、図3-6Cの方向が逆になったものとなる。

電場の強さがE[N/C]の位置では、単位面積（1 m^2）当たりE本の電気力線が存在するとする。電荷Q[C]から出る電気力線の総本数は$\dfrac{Q}{\varepsilon_0}$となる。これをガウスの法則という。

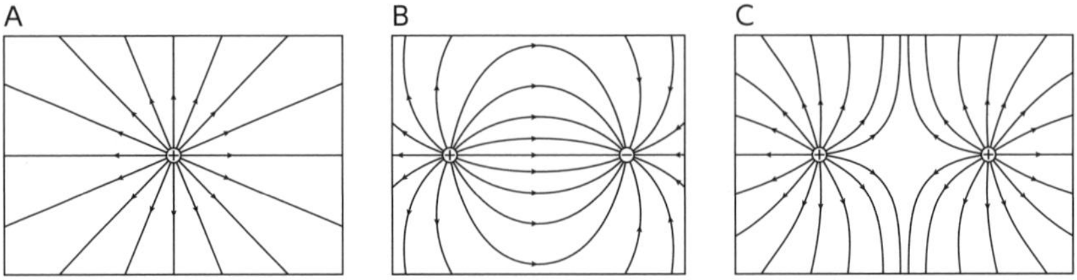

図3-6　**電気力線**

POINT

ガウスの法則を使うことが出来る

例題3-3

電荷Q[C]より距離r[m]離れた点での電場の大きさを、ガウスの法則を用いて求めよ。

解答

図3-7Aのように、電荷Q[C]を中心とした半径r[m]の球を考える。この球の表面積は$4\pi r^2$ [m^2]となり、単位面積あたりの電気力線がE本となる。ガウスの法則$4\pi r^2 E = \dfrac{Q}{\varepsilon_0}$より、$E = \dfrac{Q}{4\pi r^2 \varepsilon_0}[N/C]$となる。電場の方向を考えると、$\vec{E} = \dfrac{1}{4\pi\varepsilon_0}\dfrac{Q}{r^2}\dfrac{\vec{r}}{|\vec{r}|}$となり、先に示した式と一致する。

次に、一様な電場E[N/C]中を、電荷+q[C]を電場とは逆の方向に距離d [m]移動させた（図3-7B）ときの仕事量W[J]はW=Fd=qEd[J]となる。ここで、電位V[V]を導入すると、$V = \dfrac{W}{q} = Ed$となる。電荷q[C]より距離r[m]離れた点での電位[V]は$\vec{V} = \vec{E}r = \dfrac{1}{4\pi\varepsilon_0}\dfrac{q}{r^2}\dfrac{\vec{r}}{|\vec{r}|}r = \dfrac{1}{4\pi\varepsilon_0}\dfrac{q}{r}\dfrac{\vec{r}}{|\vec{r}|}$となり、電位の大きさは$V = \dfrac{1}{4\pi\varepsilon_0}\dfrac{q}{r}[V]$となる。電位$V$[V]の位置に置かれた電荷$q_0$[C]が持つ静電気的なエネルギー（静電ポテンシャル）U[J]は、U=q_0V[J]となる。つまり、電位とは、単位電荷当たりの静電ポテンシャルとなり、エネルギーに関する物理量という

ことが分かる。

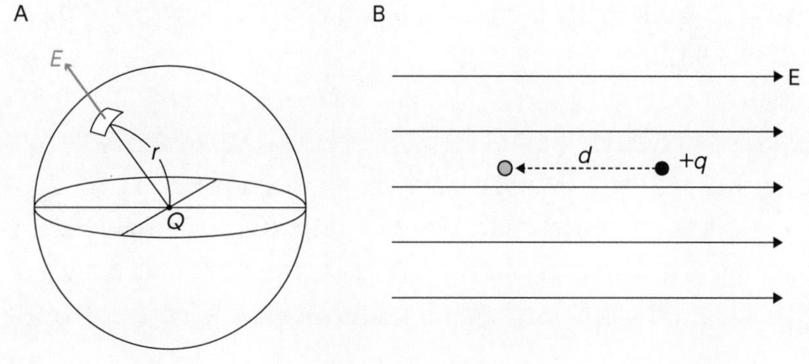

図3-7　例題3-3解答

例題3-4

図3-8のように3つの電荷q、$2q$、$3q$が配置されている。それぞれの座標を(-4,0)、(0,3)、(2,0)とする。原点Oの電位の大きさを求めよ。

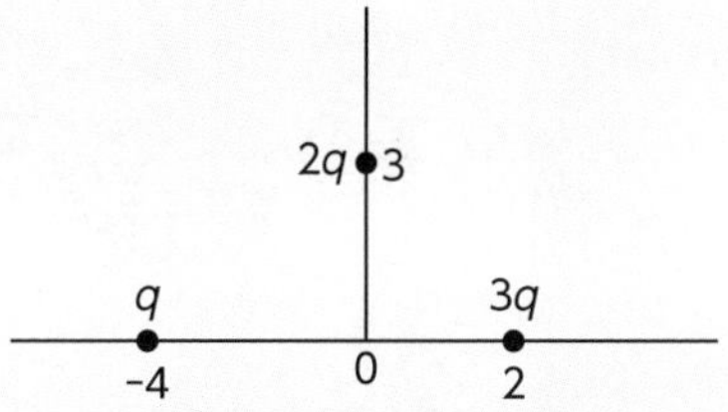

図3-8　例題3-4

解答

$$V = \frac{1}{4\pi\varepsilon_0}\frac{q}{4} + \frac{1}{4\pi\varepsilon_0}\frac{3q}{2} + \frac{1}{4\pi\varepsilon_0}\frac{2q}{3} = \frac{1}{4\pi\varepsilon_0}q\left(\frac{1}{4} + \frac{3}{2} + \frac{2}{3}\right) = \frac{q}{4\pi\varepsilon_0}\frac{29}{12}\,[V]$$

3-1-3　オームの法則

中学校の理科でオームの法則を勉強したと思う。R[Ω]の抵抗にI[A]の電流が流れたとき、抵抗の両端で生じる電圧はV[V]になる（$V=IR$）という法則である（図3-9A）。

厳密に言えば、電流の流れる方向に沿って電位が低下するので、点aより点bの方がV[V]電位は高くなる。よって、抵抗の両端の電圧を電圧降下とよぶこともある。後で解説するキルヒホッフの法則でも電圧降下とよんでいる。

もう少し詳しく抵抗について見てみる。抵抗の断面積をS[m^2]、長さをL[m]、単位体積当たりの自由電子数をn[個・m^{-3}]、自由電子の平均速度をv [m・s^{-1}]とすると（図3-9B）、抵抗に流れる電流は$I=enSv$となる。ここで、eは電子の電荷量である。ここで、比抵抗$\left(\rho = \dfrac{k}{e^2 n}\right)$（$k$は定数）を導入すると$R = \rho \dfrac{L}{S}$が導かれる。

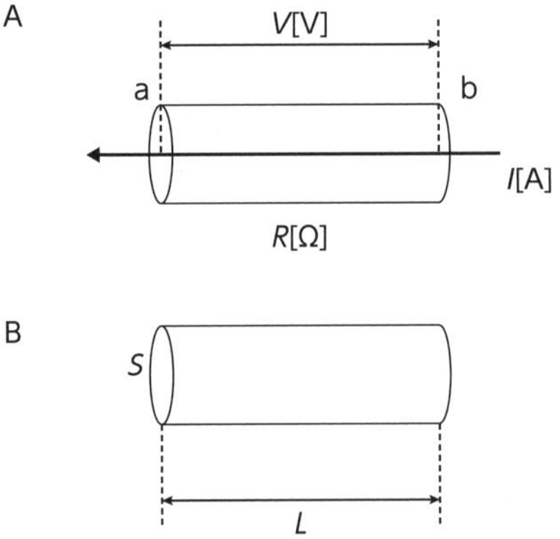

図3-9　オームの法則

例題3-5

$I=enSv$から$R = \rho \dfrac{L}{S}$を導け

解答

クーロンの法則より$F=eE$（Eは電場の強さ、上記の$\vec{F} = q\vec{E}$を用いた）となり、また、$V=EL$ ($V = \dfrac{W}{q} = Ed$を用いた) であるので、$F = e\dfrac{V}{L}$となる。

電子の進む速度は、電子の受ける力Fと抵抗力が釣り合ったときの速度となる。よって、抵抗力をkv (kは定数) として$kv = e\dfrac{V}{L}$となる。これと$I = enSv$から$I = enSv = enS\dfrac{eV}{kL} = \dfrac{e^2nS}{kL}V$となる。オームの法則より$I = \dfrac{V}{R}$なので、$R = \dfrac{kL}{e^2nS} = \rho\dfrac{L}{S}$となる。

次に、いくつかの抵抗をつないだ時の合成抵抗を求めてみる。図3-11にあるように抵抗を直列 (図3-11A) につないだ時の合成抵抗は$R = R_1 + R_2 + \cdots + R_n = \sum_i R_i$ となる。並列 (図3-11B) の場合は$\dfrac{1}{R} = \dfrac{1}{R_1} + \dfrac{1}{R_2} + \cdots + \dfrac{1}{R_n} = \sum_i \dfrac{1}{R_i}$となる。

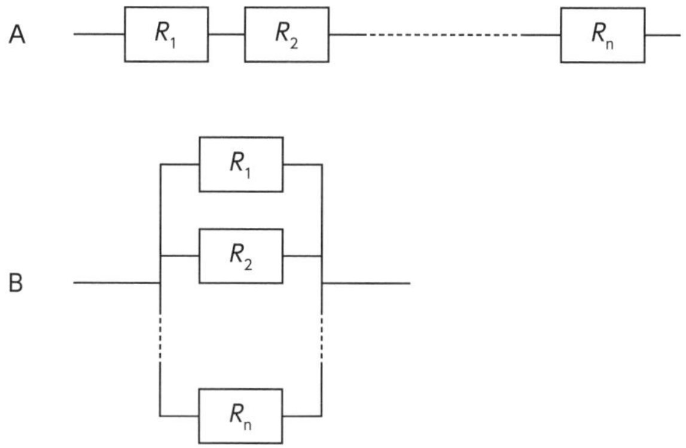

図3-10　合成抵抗

POINT

合成抵抗を計算できる

例題3-6

図3-11のように3個の抵抗がつながれている。この合成抵抗を求めよ。

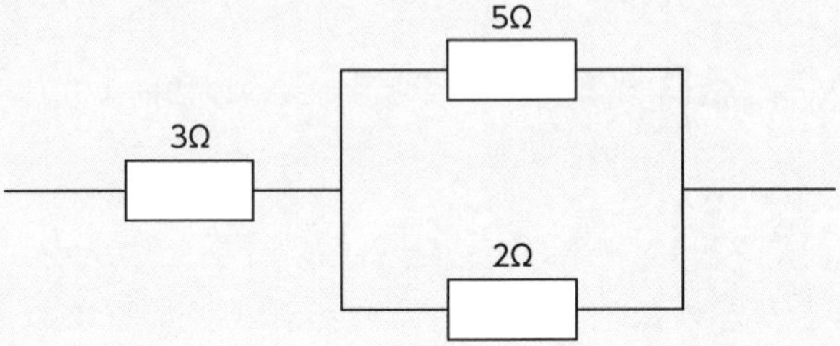

図3-11　例題3-6問題

解答

まず、並列部分の合成抵抗を求める。

$$\frac{1}{R} = \frac{1}{5} + \frac{1}{2} = \frac{7}{10} \therefore R = \frac{10}{7}\Omega$$

よって、全体では、$R = 3 + \dfrac{10}{7} = \dfrac{31}{7} \approx 4.43\Omega$

3-2　直流回路

3-2-1　キルヒホッフの法則

ここでは、最も簡単な抵抗だけを含む直流回路について解説をする。より複雑な回路の取り扱いについては、章末の参考書をご覧いただきたい。

直流回路を扱うときの基本はキルヒホッフの法則であるので、まず、この法則の解説を行う。まず、図3-12Aのように任意の点Pに電流が流れ込み、また、その点から出ていく場合を考える。点P（節点とよぶ）に流れ込む電流の量と点Pから流れ出る電流の量は等しくなる。つまり、$I_1+I_2=I_3$が成り立つ。これは、電流保存の法則であり、キルヒホッフの第1法則とよぶ。

次に、図3-12Bのような閉回路を考える。閉回路の起電力は、回路中の抵抗による電圧降下の和と等しくなる。つまり、$V=R_1I+R_2I+R_3I$が成り立つ。これをキルヒホッフの第2法則とよぶ。図3-13の場合なら、回路を二つに分けて考える。1つは抵抗R_1とR_3を含む左半分の回路で$V_1=I_1R_1+I_3R_3$が成り立つ。もう一つは、抵抗R_2とR_3を含む右半分の回路で$V_2=I_2R_2+I_3R_3$が成り立つ。$I_1+I_2=I_3$も成り立つので、これらの関係から、回路の計算ができる。次の例題で確認をしてほしい。

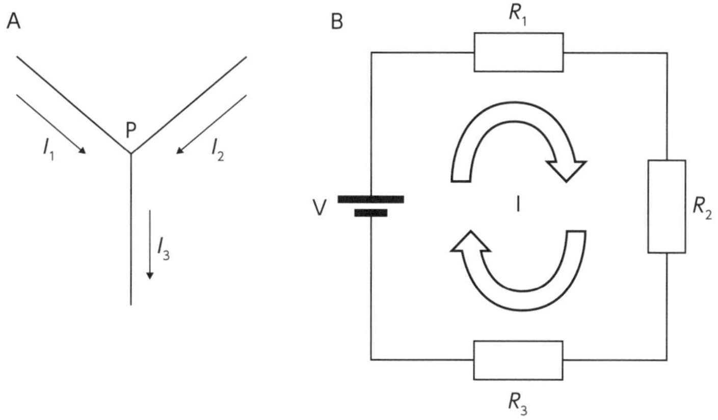

図3-12　キルヒホッフの法則 (2)

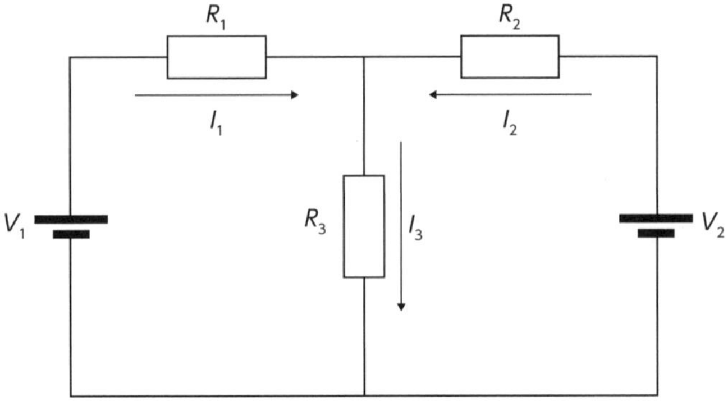

図3-13　キルヒホッフの法則(2)

POINT

キルヒホッフの法則を使い計算が出来る

例題3-7

図3-13において、R_1=2Ω、R_2=4Ω、R_3=3Ω、V_2=5Vのとき、$I_2 \geqq 0$とする、V_1の条件を求めよ。

解答

$I_1+I_2=I_3$　　　(1)

(1) を用いて、

$V_1 = 2I_1+3I_3=2I_1+3(I_1+I_2)=5I_1+3I_2$　　　(2)

$V_2 = 5 = 4I_2+3I_3=4I_2+3(I_1+I_2)=3I_1+7I_2$　　　(3)

これを解くと、

$26I_2 = -3V_1+25 \geqq 0$

となる。

よって、$I_2 \geqq 0$とするには$V_1 \leqq 8.33$Vの必要がある。

3-2-2　ジュール熱

抵抗に電流を流すと発熱することをご存知だと思う。この熱をジュール熱とよぶ。単位時間(1s)当たりの発熱量は$Q = IV = I^2R = \frac{V^2}{R}$（単位はW：ワット）となる。

また、[W]=[J/s]と1 [cal]=4.19[J]より単位換算もできる。

電力（P）は、電気が単位時間にする仕事のことであり、熱は仕事となる（第Ⅰ巻第10章を参照）ので、$P = IV = I^2R = \frac{V^2}{R}$ [W]となる。電力量は、電力の総和、つまり、電力×時間（Pt：tは時間）であり、単位としては[kWh]がよく用いられる。

例題3-8

100 V、40 Wの電気機器の抵抗を求めよ。

解答

R=100^2 ÷ 40 = 250 Ω

例題3-9

0.2 kΩの抵抗に1.0 Aの電流を流して、25℃の水100 m Lの温度を60℃にしたい。何分間通電すればいいか。

解答

25℃の水100 m Lの温度を60℃にするのに必要な熱量は

100 × (60-25) = 3500 [cal]=14665 [J]

1秒間の発熱量はQ=1.0^2 × 200 = 200 [W]

よって、14665 ÷ 200 ≒ 73.3 s ≒ 1.21［分］

3-3　電解質溶液の性質

第4章と第5章で解説する電気化学系は、図3-14のように2本の電極と、その間をつなぐ回路と電解質（液体の場合もあれば固体の場合もある）からなる。次章からの電気化学の解説に入る準備として、ここで、基本となる電解質溶液の性質をまとめたい。

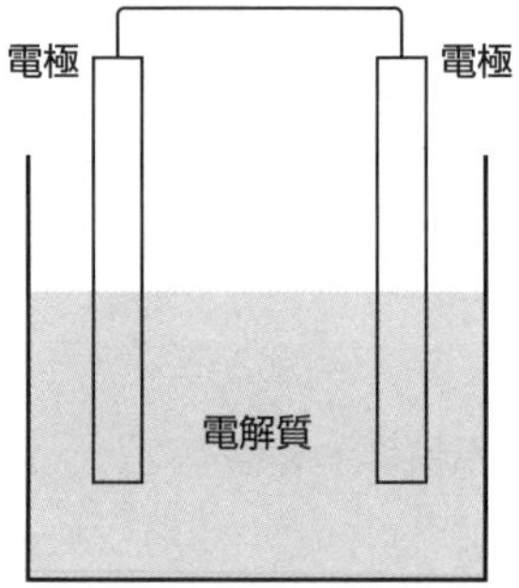

図3-14　電気化学系の基本構成

3-3-1　活量

電解質溶液は、溶質が電離してイオン化していると考える。このイオンの挙動が重要である。電解質溶液中では、イオン間の相互作用で、理論的な取り扱いに溶質の濃度をそのまま使うことができない。そこで、導入された実効的な濃度として第2章で扱った活量を用いる。重要な内容なので例題で復習してほしい。

例題3-10

1.00×10^{-4} mol/L の Na_2SO_4 の 25℃における平均活量係数を求めよ。

解答

濃度が低いので、モル濃度と質量モル濃度が等しいとみてよく、完全に電離していると考えてよい。イオン強度は

$$I = \frac{1}{2}\sum_i m_i z_i^2 = \frac{1}{2}\left(2 \times 0.0001 \times 1^2 + 0.0001 \times (-2)^2\right) = 0.0003$$

平均活量係数は

$$\begin{aligned}\log_{10}\gamma_\pm &= A\,|z_+ z_-|\,I^{\frac{1}{2}} \\ &= -0.5091 \times |1 \times (-2)| \times (0.0003)^{\frac{1}{2}} \\ &= -0.017636\gamma_\pm \approx 0.96\end{aligned}$$

3-3-2　電解質溶液の電気伝導

電解質溶液の抵抗は、3-1-3で説明した固体の抵抗と同じく$R = \rho\frac{L}{S}$となる。$\kappa = \frac{1}{\rho}$を電気伝導率（導電率ともいう）とよぶ。単位は[S/m]（S：ジーメンス）である。電気伝導率は図3-15に示すようなブリッジ回路により測定される。抵抗R_1～R_4のいずれかに試料を置き、検出器に流れる電流が0となるように、試料以外の抵抗を調整すると$R_1R_2=R_3R_4$が成り立ち、試料の抵抗が求められる。電源に直流を用いる場合をホイートストンブリッジ、交流の場合をコールラウシュブリッジとよび、液体試料の場合は後者を用いる。

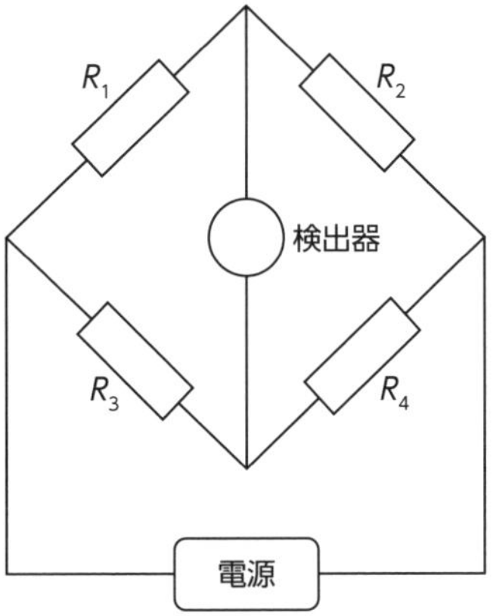

図3-15　ブリッジ回路

$\Lambda = \dfrac{\kappa}{1000C}$（$C$はモル濃度：mol/L）をモル電気伝導率とよぶ。

$ApBq \rightleftarrows pA^{+} + qB^{-}$の系における無限希釈のモル電気伝導率$\Lambda^{\infty}$は、カチオンとアニオンの無限希釈のモルイオン電気伝導率λ_{+}^{∞}とλ_{-}^{∞}を用いて、$\Lambda^{\infty} = p\lambda_{+}^{\infty} + q\lambda_{-}^{\infty}$となる。また、強電解質では、$\Lambda = \Lambda^{\infty} - k\sqrt{C}$（kは定数）となることが経験則としてコールラウシュにより提出されている。

電解質に電場Eが掛けられたときのイオンの移動速度をv_{+}およびv_{-}とすると、$v_{+}=u_{+}E, v_{-}=u_{-}E$となる（$u_{+}$、$u_{-}$はカチオン及びアニオンの単位電場当たりの移動速度）。そして、$\lambda_{+} \propto u_{+}$、$\lambda_{-} \propto u_{-}$となり、$\Lambda \propto u_{+} + u_{-}$となる。

また、電解質溶液中に電流が流れるとき、電荷はイオンにより運ばれるが、各イオンがどの程度、電荷の移動に寄与したかを表す指標を**輸率**とよぶ。無限希釈におけるイオンの輸率は、カチオンについては$t_{+}^{\infty} = \dfrac{\lambda_{+}^{\infty}}{\Lambda^{\infty}}$、アニオンについては$t_{-}^{\infty} = \dfrac{\lambda_{-}^{\infty}}{\Lambda^{\infty}}$となる。

例題3-11

25℃においてHClとNaClの無限希釈液を考える。カチオンの輸率が、それぞれ0.821および0.396であるとすると、アニオンの輸率を求めよ。

解答

上記の輸率の定義式と$\Lambda^{\infty} = 1\lambda_{+}^{\infty} + 1\lambda_{-}^{\infty}$より、$t_{+}^{\infty} + t_{-}^{\infty} = 1$となるので、HClではアニオンの輸率は0.179、NaClでは0.604となる。

カチオンにより、同じアニオンでも輸率が変化することも理解してほしい。イオンの輸率はイオンの大きさや溶液の粘度以外の要因も関係してくるので、簡単に一般的傾向をまとめたり、説明を付けたりすることは難しい。さらに詳しいことは、次の参考書をご覧いただきたい。

参考文献・参考書（3～5章共通）

本章では、磁場に関する事項や交流回路については触れていない。電解質についても、最も基本的な部分の説明だけにとどめている。さらに、詳しい事項を勉強するときは、下記の参考書が手頃と思われる。

砂川重信「物理テキストシリーズ4　電磁気学」岩波書店（1987）
横山順一「講談社基礎物理学シリーズ4　電磁気学」講談社（2009）
渡辺正　他「基礎科学コース　電気化学」丸善（2009）
玉虫怜太、高橋勝緒「エッセンシャル電気化学」東京化学同人（2000）
松田好晴、岩倉千秋「化学教科書シリーズ　電気化学概論」丸善（2014）
千原秀昭、稲葉章　訳「アトキンス物理化学要論」東京化学同人（2016）

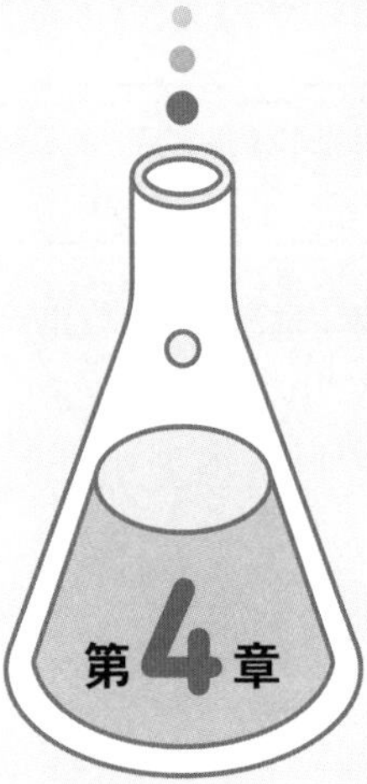

電気化学の基礎

本章で学ぶ内容

1. 酸化と還元
2. 電極電位とは何か
3. 電極反応
4. ネルンストの式

電気化学は、化学エネルギーの発生や貯蔵（電池など）に深く関わり、生活と密接に関係している。携帯電話（今なら、スマートフォン）には必ず、電池が使われているのを考えればわかるように、化学の応用分野として重要な位置についている。この電気化学は、物理化学の応用分野であり、無機化学や分析化学で重要な分野でもある。電気化学の基本の一つは、化学平衡、特に、酸化還元平衡である。本章では、酸化と還元からはじめて、電気化学における重要な式であるネルンストの式までをみていくことにする。

CHAPTER 4

4-1 酸化と還元

高校の化学でダニエル電池を勉強したと思う。ダニエル電池で進む反応は、$Zn + Cu^{2+} \rightarrow Zn^{2+} + Cu$という反応となる。この反応を用いて「酸化と還元」を考える。

Znについて見ると　$Zn \rightarrow Zn^{2+} + 2e^{-}$　(4-1)

Cuについて見ると　$Cu^{2+} + 2e^{-} \rightarrow Cu$　(4-2)

となる。

(4-1)ではZnから電子がとられる過程で**酸化**とよばれる。(4-2)は、逆に、電子を与えられる過程で**還元**とよばれる。そして、酸化された元素は酸化数が増加し、還元されれば酸化数が減少する。酸化数は第I巻8章で解説しているが、重要な事項なので、もう一度ここでも解説する。

酸化数は、個々の元素について以下のルールで計算される。

1 原子が中性の場合、その原子の酸化数は0：
例）Na、Cl…ともに酸化数は0

2 分子が中性の場合、構成元素の酸化数の合計は0：
例）NaCl…$Na^{+}Cl^{-}$と考え、次の（3）により酸化数の合計が0となる

3 原子がイオンの場合、その原子の酸化数はイオンの価数と等しい：
例）Na^{+}の酸化数は+1、Cl^{-}の酸化数は−1

4 分子がイオンの場合、構成元素の酸化数の合計はイオンの価数と等しい：
例）MnO_4^{-}…Oの酸化数は−2、Mnの酸化数は+7で合計−1

5 H、Oの分子中での酸化数は、それぞれ+1、−2とする。

6 分子中のアルカリ元素の酸化数は+1、アルカリ土類は+2、ハロゲンは−1とする。

7 NO_3の酸化数は−1、SO_4の酸化数は−2、CNの酸化数は−1とする。

8 その他の多原子イオン（例：SO_4^{2-}）では、その価数が酸化数となる。

9 単体の酸化数は0とする：例）C_{60}、He

酸化数の計算は、必ずできるようになっていてほしいので、第I巻でも練習をしたが、ここでも練習を行いたいと思う。

POINT

酸化数を求めることが出来る。

例題 4-1

次の下線の元素の酸化数を求めよ。

(1) $\underline{N}O_3^-$　(2) $\underline{N}O_2^-$　(3) $HCl\underline{O}$　(4) $\underline{C_2}O_4^{2-}$　(5) $Ag_2\underline{Cr}O_4^-$

解答

下線のある元素の酸化数をxとする

(1) $x + (-2) \times 3 = -1$　　$x = 5$

(2) $x + (-2) \times 2 = -1$　　$x = 3$

(3) $1 + (-1) + x = 0$　　$x = 0$

酸化数の計算の際の優先順位はルールの6がルール5より優位となる。5の中でもH=+1が優先される。

(4) $2x + (-2) \times 4 = -2$　　$x = 3$

(5) $(+1) \times 2 + x + (-2) \times 4 = -1$　　$x = 5$

4-2 電極電位と電池反応

電池の基本構成を図4-1に示す。電極と電解質、電極間をつなぐ線などで構成され、酸化もしくは還元反応は電極上で起こる。上で例としたダニエル電池は図4-2のような構成となる。2種類の電解質溶液を使うので、混ざらないように隔壁が設けられている。また、一般に、左に酸化反応が起こる電極を配置する。この規則は**電池式**を書くときは、必ず守られる。ダニエル電池の電池式は以下のようになる。

$Zn|ZnSO_4(aq)||CuSO_4(aq)|Cu$

両端のZnとCuは電極を、$ZnSO_4(aq)$と$CuSO_4(aq)$は電解質溶液を示している。(aq)は水溶液であることを示している。電極と電解質溶液の間の1本線は、ここに固液（気液、固気の場合もある）界面が存在し、電位差が生じることを示している。2本線は電解質溶液間の界面を示す。酸化反応の起こる電極をアノード、還元反応の起こる電極をカソードとよぶ。電池式では左の電極がアノード、右の電極がカソードになる。また、電池では、左の電極を**負極**、右の電極を**正極**ともよぶ。

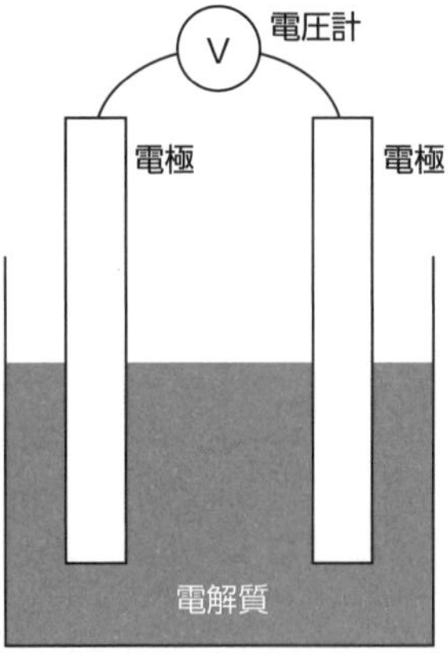

図4-1　電池と電気分解の構成

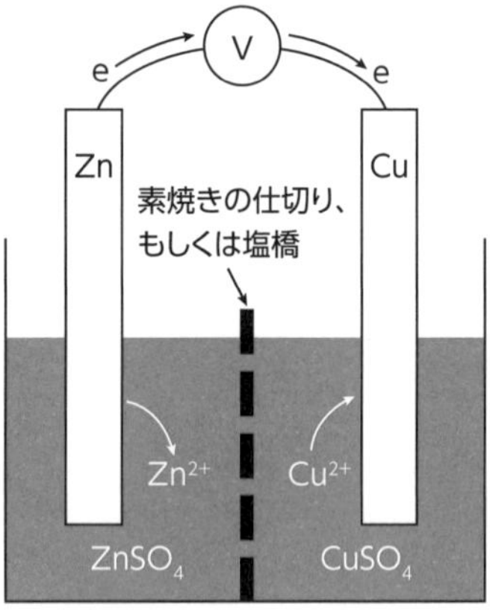

図4-2　ダニエル電池

電極には、298.15Kにおける標準電極電位（E^0）という物理量が定められている（表4-1）。表4-1に示されている反応は、ちょうど、電池の半分の側の反応になるので半電池式あるいは、半反応式とよばれる。半電池とは、一つの電極と電解質溶液の組み合わせと考えればよい。

表4-1　主な酸化還元の標準電極電位

反応	E° (V vs. SHE)	反応	E° (V vs. SHE)
$Li^+ + e^- = Li$	−3.045	$2Hg_2^+ + 2e^- = Hg_2^{2+}$	+0.92
$K^+ + e^- = K$	−2.925	$Br_2 + 2e^- = 2Br^-$	+1.0652
$Cs^+ + e^- = Cs$	−2.923	$O_2 + 4H^+ + 4e^- = 2H_2O$	+1.229
$Cu^{2+} + 2e^- = Cu$	+0.337	$Zn^{2+} + 2e^- = Zn$	−0.7628
$2H^+ + 2e^- = H_2$	0	$2H_2O + 2e^- = H_2 + 2OH^-$	−0.72

標準電極電位は、標準水素電極（SHE、図4-3）を0（V）とし、標準水素電極と接続した際の電位差として定義される。実際の測定などの場面ではSHEは使いづらいので、電位の分かっている基準電極が用いられる。よく用いられる基準電極は「銀—塩化銀電極；+0.199V vs. SHE」（図4-4）と「飽和カロメル電極；+0.244V vs. SHE」であったが、飽和カロメル電極は水銀を使用するため、最近はほとんど使用されない。また、電極反応は、表4-1のように還元反応で表すことになっている。

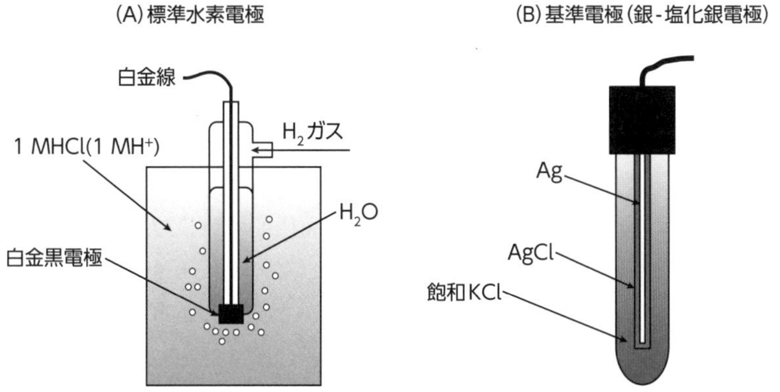

図4-3　標準水素電極と基準電極

次に、実際の電池の起電力について、ダニエル電池を例にとって考えてみる。

負極（亜鉛）側の電解質に硫酸亜鉛水溶液、正極（銅）側の電解質に硫酸銅水溶液を用い、2つの電解質の間を素焼きの仕切りもしくは塩橋でつなぐ構成となっている。塩橋は2種類の電解質溶液が混ざり合わないようにするために用いられる（図4-5）。ガラス管に塩化カリウムなどの塩溶液をみたし、管の両端を寒天などで固めて、二つの電解質溶液中に浸して、電気的に接続をする。

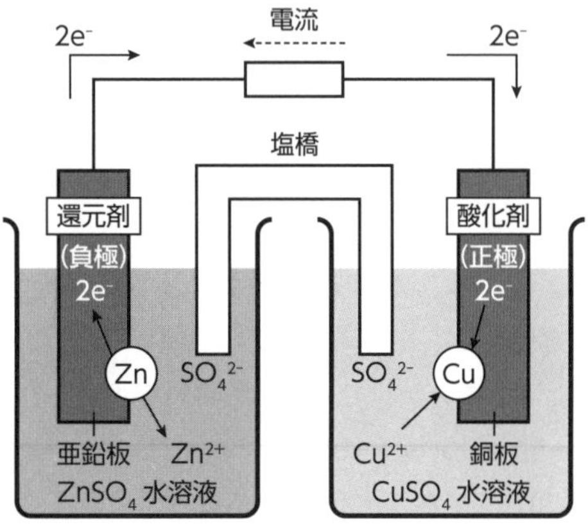

図4-4　塩橋

各半電池の電位は表4-1より、

$Cu^{2+} + 2e^- \rightarrow Cu$　　0.337 V　この方向で進む(4-1)

$Zn^{2+} + 2e^- \rightarrow Zn$　　−0.763 V　この逆方向に進む(4-2)

ダニエル電池の反応式 $Zn + Cu^{2+} \rightarrow Zn^{2+} + Cu$ とするには(4-1)−(4-2)とすればよい。

よって、ダニエル電池の起電力（正極と負極の電位差）は0.337−(−0.763) = 1.1 Vとなる。では、この逆の反応が何故、電池反応ではないかを考えてみる。

起電力を ΔE^0 とすると、ギブズ自由エネルギーとの間に $\Delta G^0 = -zF\Delta E^0$ との関係がある。ここで、z は反応に関わる電子数で、$Cu^{2+} + 2e^- \rightarrow Cu$ なら、反応に2個の電子が関わるので z=2となる。Fはファラデー定数で96485 C/molである。

反応は $\Delta G^0 < 0$ で自発的に進むので、$E^0 > 0$ でなければならない。よって、電池反応は、$Zn + Cu^{2+} \rightarrow Zn^{2+} + Cu$ となる。もし、電池反応が逆になると、

$Cu + Zn^{2+} \rightarrow Cu^{2+} + Zn$　より $\Delta E^0 = -1.100$ V となり、$\Delta G^0 > 0$ で自発的には進まないことが分かる。

POINT

電池の構成、半電池などが理解出来る。

例題 4-2

ボルタ電池の電池式、各局での反応、電池全体の反応式、起電力を求めよ。

解答

ボルタ電池の構成を図4-5に示す。

電池式は、 $Zn|H_2SO_4(aq)|Cu$ となる。

各電極での半電池式は、

負極　$Zn \rightarrow Zn^{2+} + 2e^-$　0.763 V

正極　$2H^+ + 2e^- \rightarrow H_2\uparrow$　0 V

よって、電池全体の反応は

$$Zn + 2H^+ \rightarrow Zn^{2+} + H_2\uparrow$$

となる。また、起電力は0.763Vとなる。

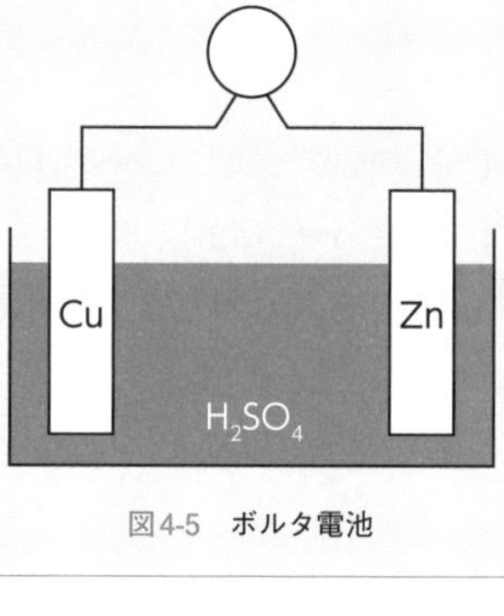

図4-5　ボルタ電池

CHAPTER 4

4-3 ネルンストの式

これまでは298.15 Kでの話をしてきた。これは、熱力学的標準状態とは25℃、1気圧（298.15K、1.013×10^5Pa）であるので、まず、この状態で議論が進む。しかし、標準状態以外の状態での議論も必要となる。そこで、標準状態以外の温度での電極電位はどのように表されるのかについて考える。電池全体の反応が、次のような場合、

$$\nu_1 A_1 + \nu_2 A_2 + \cdots \longrightarrow \nu_3 A_3 + \nu_4 A_4 + \cdots$$

この電池の起電力は

$$\Delta \mathrm{E} = \Delta E^0 - \frac{RT}{zF} \ln K = \frac{[A_3]^{\nu_3}\,[A_4]^{\nu_4}\cdots}{[A_1]^{\nu_1}\,[A_2]^{\nu_2}\cdots}$$

となる。ΔEは任意の温度（T）での起電力、ΔE^0は298.15Kでの起電力、Kは平衡定数、Rは気体定数である。この式をネルンストの式といい、任意の温度での理論的な起電力を求めることができる。また、電解質溶液の濃度の影響を評価する場合にも用いられる。

POINT

ネルンストの式を利用できる。

例題4-3

ダニエル電池は$Zn|Zn^{2+}$(○○M)$||Cu^{2+}$(○○M)$|Cu$と書くこともできる。

（1）298.15Kにおいて、$Zn + Cu^{2+} \rightarrow\ Zn^{2+} + Cu$の$\Delta G^0$を求めよ。

（2）$Zn|Zn^{2+}$(a=0.1M)$||Cu^{2+}$(a=0.4M)$|Cu$の起電力を求めよ。

ここで、aは活量(第1章参照)を表す。

解答

（1）$\Delta G^0 = -zF\Delta E^0$に、$\Delta E^0$=1.100、z = 2、F = 96485を代入すると、

$\Delta G^0 = -2.123 \times 10^5$ J

(2) $K = \frac{[Zn^{2+}]}{[Cu^{2+}]} = \frac{0.1}{0.4} = 0.25$

$$\Delta E = 1.100 - \frac{8.314 \times 298.15}{2 \times 96485} \ln 0.25 = 1.147V$$

となる。ここで、[Zn]、[Cu]は固体の濃度なので、[Zn] = [Cu] = 一定値として扱う。また、$\ln X = \log_e X$で自然対数を意味する。

4-4 溶液のpH測定（濃淡電池）

図4-6のような構成の電池を考える。左右の電解質溶液は、同じ種類で濃度が異なるとする。この様な電池を濃淡電池とよぶ。仮に、左の電極を負極、右の電極を正極とすると、

負極：$Ag \rightarrow Ag^{+} + e^{-}$
正極：$Ag^{+} + e^{-} \rightarrow Ag$

という反応が進む。これを、ネルンストの式に代入すると、

$$\Delta E = \frac{RT}{zF}\ln K = \frac{RT}{zF}\ln\frac{a_2}{a_1}$$

となる。$a_1 < a_2$の場合には、最初の過程の通りの構成となる。$a_1 > a_2$の場合には、負極と正極が入れ替わる。

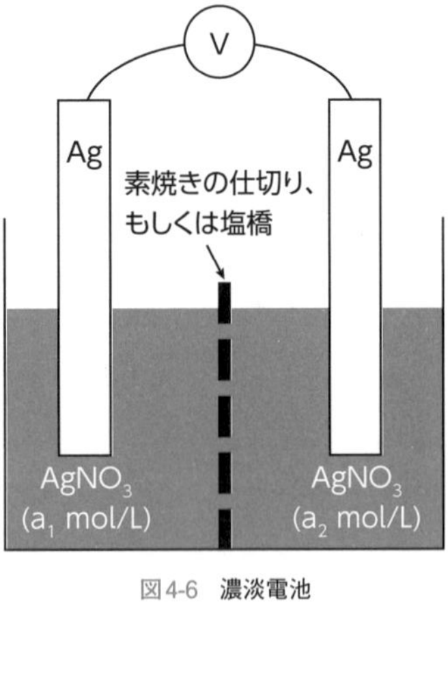

図4-6　濃淡電池

濃淡電池を利用した測定法として、身近なものはpHメータである。pHメータでは、測定部にガラス電極を用いる。このpHメータの原理を説明する。図4-7のAにpH電極での測定原理を示している。試料中の水素イオン濃度に応答する薄いガラス膜を介して電極1が設置される。電極1の周りにはpHの分かっ

ている液体が入れられている（通常はpH7.0）。ガラス膜の内と外でpHが異なるとガラス膜上にpHの差、つまり、$[H^+]$の差に応じた電位（起電力）が発生する。この電位の発生原理が、上で説明した濃淡電池である。この電位を電極1で測定するわけだが、電極1だけでは、正確な電位を測定することが出来ないので、比較電極2（通常は、基準電極である銀-塩化銀電極）との電位差を測定する。

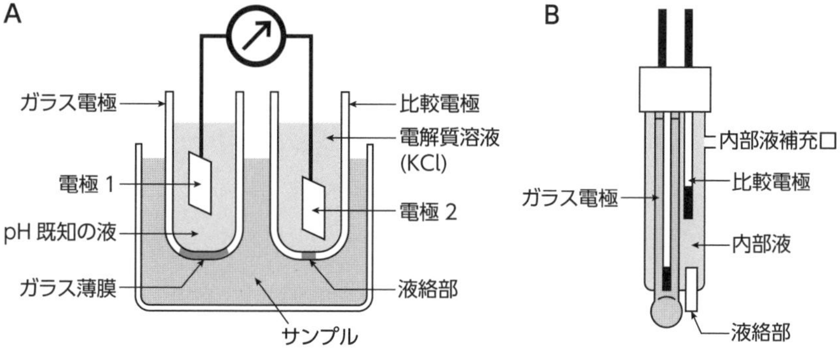

図4-7　pH電極

pHメータでは、起電力をpHに換算するわけである。通常、pHメータを使用する際、数種のpH標準液で校正する。これは、図4-8にあるように、起電力からpHを求めるための検量線が存在するわけだが、理論値から実際の起電力はずれが生じる。そのため、決まったpHで発生する起電力を測定して、検量線のずれを補正する必要がある。しかし、塩基側では、大きなずれが生じる。これをアルカリ誤差という。酸側にも酸誤差は存在するが、大きなずれではなく、実際問題にはならない。電極2の液絡は、比較電極の電位を安定させるために開けられている。実際には、図4-7Bのような一体型の電極が用いられる。

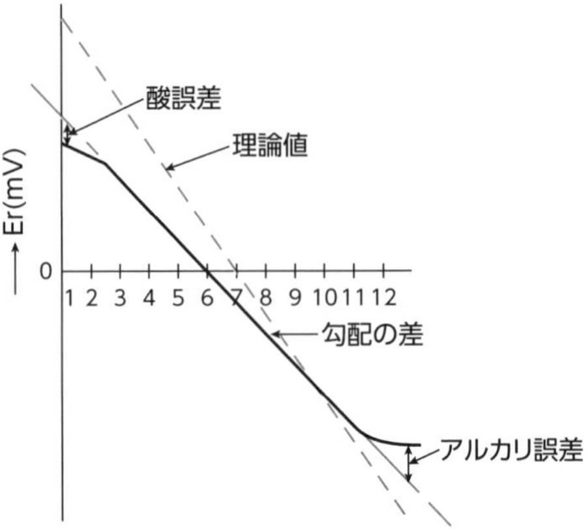

図4-8　pH - 起電力検量線

例題4-4

pH電極は、電極内部液と測定試料溶液を隔てるガラス膜が上述のように[H$^+$]に応答することで、pHを測定している。[Na$^+$]を測定するNa電極なども実際に存在する。Na電極で[Na$^+$]を測定する原理を調べよ。

解答

Na電極も基本的にはpH電極と同じ原理でうごく。電極に用いられるガラス膜には、Na$^+$との相互作用が強い（Na$^+$に対する選択性が高い）イオノフォアが入っており、[Na$^+$]に応答した起電力を生じるので、[Na$^+$]を測定することができる。

イオノフォアとして用いられる物質としては、Na$^+$に対しては12-crown-4類の化合物が用いられる。これが、15-crown-5類になるとK$^+$への選択制が高くなる。イオノフォアをうまく選択することで、様々なイオンに対して選択性の高い電極を作ることができる。このような電極を**イオン選択性電極**とよんでいる。

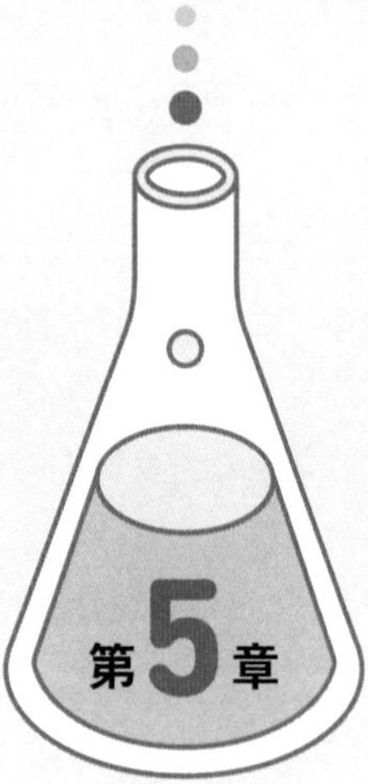

第5章

電気化学の応用

本章で学ぶ内容

1. 実用電池
2. メッキ
3. 腐食と防食

第4章でみてきたように電気化学は、化学エネルギーの発生や貯蔵に深く関わり、生活と密接に関係している。本章では、実際の電気化学がどのように生活に関わっているのかを学ぶ。まず、生活の中で使われている電気化学の応用として、最初に思いつく**電池**（生活の中で使われているものは「実用電池」とよばれる）をとりあげる。次に、生活をかかわりの深い**メッキ**と**腐食・防食**について学ぶ。

5-1 実用電池

身の回りの電池を見てみると、様々な種類の電池がある。この様な、実際に生活の中で使われている電池を**実用電池**とよんでいる。高校化学では、実用電池の例として**乾電池**、**鉛蓄電池**と**燃料電池**がとりあげられている。**リチウムイオン電池**や**ニッケル・カドミウム電池**を取り上げている教科書もある。乾電池は一次電池の例であり、鉛蓄電池などは二次電池の例である。燃料電池は環境問題と関連させて取り上げられている。

個々の実用電池をみる前に、実用電池の基本構成を学ぶ。図5-1に基本構成を示す。

- 活物質：酸化還元反応により直接電子の授受にかかわる物質。もし、両極で電極材料が反応で変化するなら、正極に使われている材料が**正極活物質**、負極に使われている材料が**負極活物質**となる。
- 電極：電極と電極活物質を混同していることが多いが、電極は「電子の授受を行う場所」と考えればいいと思う。正極は「電子を渡す場所」で、負極は「電子を受け取る場所」である。電極を構成する材料が活物質である。集電体としているテキストもある。
- セパレーター：両極の電解質や反応生成物などの混合を防ぐための膜。実用電池では、電極活物質選択が重要となる。第4章でみたように、電池では負極がアノード（酸化反応が進む）、正極がカソード（還元反応が進む）となる。

両極の反応を

正極（C）：$C(ox) + ne^- \rightarrow C(re)$

負極（A）：$A(re) \rightarrow A(ox) + ne^-$

とする（oxは酸化体、reは還元体を表す）と、両極の電位はネルンストの式より

$$\text{正極}：E_C = E_C^0 - \frac{RT}{nF}\ln\frac{a_{C(\mathrm{re})}}{a_{C(\mathrm{ox})}}$$

$$\text{負極}：E_A = E_A^0 - \frac{RT}{nF}\ln\frac{a_{A(\mathrm{re})}}{a_{A(\mathrm{ox})}}$$

電池の起電力は

$$E = E_C - E_A = E_C^0 - E_A^0 - \frac{RT}{nF} \ln \frac{a_{C(\mathrm{re})} \cdot a_{A(\mathrm{ox})}}{a_{C(\mathrm{ox})} \cdot a_{A(\mathrm{re})}}$$

となる。この式から分かるように、大きな起電力を得るには、正極活物質には酸化力が高く、できるだけ「プラスの大きな電位（貴な電位という）」を持つ材料を、負極活物質には還元力が高く、できるだけ「マイナスの大きな電位（卑な電位という）」を持つ材料を選ぶ必要がある。

正極では還元反応が進むのに、なぜ酸化力が高い物質を用いるのか疑問に思うかもしれない。正極での反応は、活物質が還元される反応である。酸化剤は、反応の相手を酸化し、自身は還元される。酸化剤と同じく酸化力が求められる。同様に、負極活物質は酸化されるので、還元剤と同じく還元力が求められる。

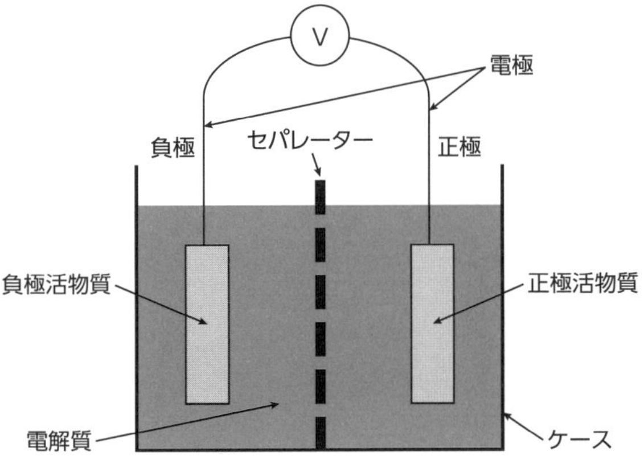

図5-1　実用電池の基本構成

5-1-1　一次電池

一次電池とは「一度放電すると、その時点で寿命となる1回使いきりの電池」である。代表的な一次電池の構成と電極反応を表5-1にまとめる。また、各電池の構造を図5-2に示す。

アルカリマンガン乾電池は、一般的なマンガン乾電池よりも活物質量が多くなっており、長時間持つという特徴がある。空気電池は、正極活物質として空気中の酸素を持ちるため、空気より活物質が連続供給されるという特徴があり、正極活物質を保持するためのスペースが不要となる。このため、負極活物質量を多く電池内に保持でき、電圧の安定性がよい。表5-1のリチウム電池は、正極活物質としてMnO_2を使用した例を示している。この他に、フッ化グラファイト[(CF)n]や塩化チオニル($SOCl_2$)を用いるものもある。

表5-1　代表的な一次電池

名称	活物質		電解質	電極反応		公称電圧
	正極	負極		正極	負極	
マンガン乾電池	MnO_2	Zn	$NH_4Cl+ZnCl_2$ $ZnCl_2$水溶液	$MnO_2+H^++e^-$ $\rightarrow MnO(OH)$	$Zn \rightarrow Zn^{2+}+2e^-$	1.5 V
アルカリマンガン乾電池	MnO_2	Zn	KOH水溶液	$MnO_2+H_2O+e^-$ $\rightarrow MnO(OH)+OH^-$	$Zn+2OH^-$ $\rightarrow ZnO+H_2O+2e^-$	1.5 V
空気電池	O_2	Zn	KOHあるいは NaOH水溶液	$O_2+2H_2O+4e^-$ $\rightarrow 4OH^-$	$Zn+2OH^-$ $\rightarrow Zn(OH)_2+2e^-$	1.3 V
リチウム電池	MnO_2	Li	$LiBF_4$などの 非水溶液	$Mn(\text{Ⅳ})O_2+Li^++e^-$ $\rightarrow Mn(\text{Ⅲ})O_2(Li^+)$	$Li \rightarrow Li^++e^-$	3.0 V

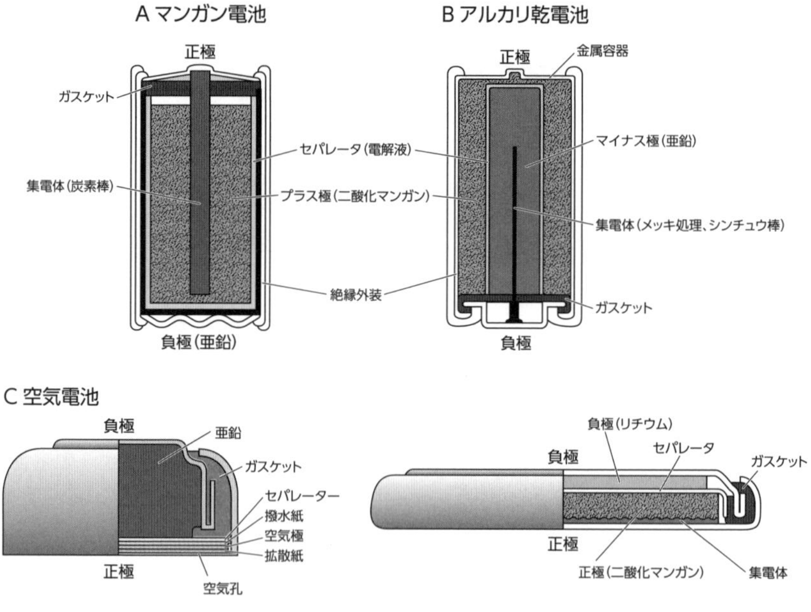

図5-2　代表的な一次電池

例題 5-1

リチウム電池の電解質には$LiBF_4$のような非水溶液が用いられる。なぜ水溶液が用いられないのかを説明せよ。

解答

Liが水と反応し、活物質として働かなくなるから。

5-1-2 二次電池

二次電池とは「充電と放電を繰り返すことが出来るため、繰り返して使用することが可能な電池」である。代表的な二次電池の構成と電極反応を表5-2にまとめる。また、各電池の構造を図5-3に示す。

表5-2の全反応において、右向きの矢印は放電反応を、左向きの矢印は充電反応を表している。リチウムイオン電池では、放電時、Li^+はグラファイト（黒鉛）の層間より出て、正極の層間に移動する。充電時には、逆の動きをする。原理上、リチウムイオン電池では、Li^+の移動が起こるだけで、活物質の変化はない。しかし、実際には、充放電を繰り返す間に、グラファイトと電解質が反応し、グラファイト層表面に被膜が生成して、Li^+の容量が減少するために劣化が起こる。また、充放電の繰り返しで、電極の膨張収縮を繰り返すため、電池の構造が緩み劣化が起こる。この様に劣化が進むため、電池には寿命が存在する。

表5-2 代表的な二次電池

名称	活物質		電解質	電極反応(放電)		公称電圧
	正極	負極		正極	負極	
鉛蓄電池	PbO_2	Pb	H_2SO_4	$PbO_2+3H^++HSO_4^-+2e^-$ $\rightarrow PbSO_4+2H_2O$	$Pb+HSO_4^-$ $\rightarrow PbSO_4+H^++2e^-$	2.0 V
				全反応：$PbO_2+Pb+2H_2SO_4$ $\leftrightarrows 2PbSO_4+2H_2O$		
ニッケル－カドミウム電池	NiOOH	Cd	KOH	$NiOOH+H_2+e^-$ $\rightarrow Ni(OH)_2+OH^-$	$Cd+2OH^-$ $\rightarrow Cd(OH)_2+2e^-$	1.2 V
				全反応：$2NiOOH+H_2O+Cd+2H_2O$ $\leftrightarrows 2Ni(OH)_2+Cd(OH)_2$		
リチウムイオン電池	Li_xCoO_2	C_6Li	$LiBF_4$などの非水溶液	$2Li_{0.5}CoO_2+Li+e^-$ $\rightarrow 2LiCoO_2$ (x=0.5の例)	$C_6Li \rightarrow C_6+Li^++e^-$	3.6 V
				全反応：$C_6Li+2Li_{0.5}CoO_2 \leftrightarrows C_6+2LiCoO_2$		

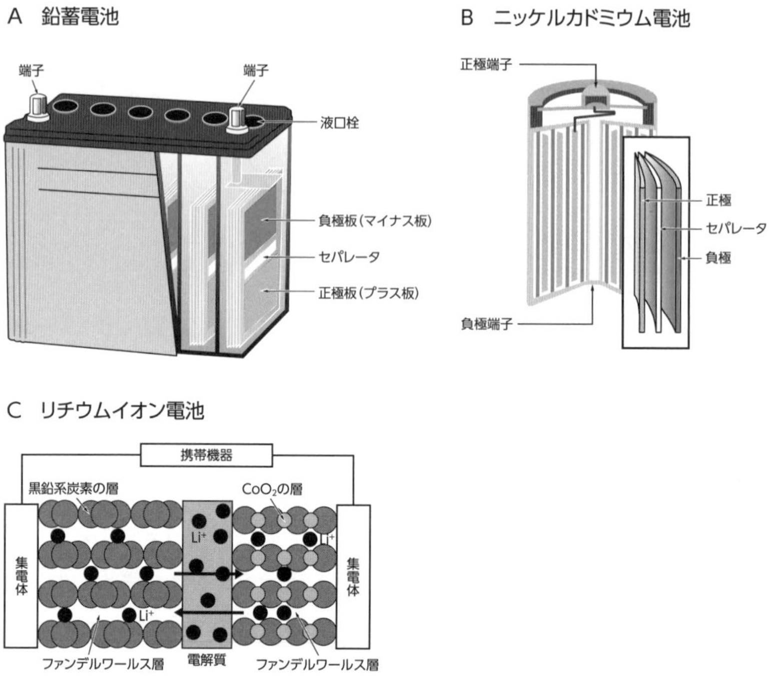

図5-3　代表的な二次電池の構造

POINT

二次電池の基礎を理解する。

例題5-2

リチウムイオン電池は充電できるが、リチウム電池は充電できないのかを説明せよ。

解答

リチウムイオン電池は、上記にあるように、Li^+が簡単に移動できる構造となっており、スムーズに充電反応が進む。これに対して、リチウム電池では、負極で生成したLi^+は正極活物質中に組み込まれてしまい、簡単には出てくることが出来ない。この状態で充電しようとすると、水の電気分解など様々な反応も同時に進むことが予測できるため、電池の再生は難しく、逆に危険である。

5-1-3　燃料電池

燃料電池は図5-4に示すように、燃料として水素などを用い、空気より供給された酸素との化学反応により電気エネルギーを得るタイプの電池である。この電池の活物質は燃料と酸素になる。電池としては一次電池になる。

燃料電池には、用いられる電解質によりいくつかのタイプがあり、表5-3にまとめる。

どの型の燃料電池でも、全反応は $2H_2 + O_2 \rightarrow H_2O$ となる。生成物が水なので、環境負荷も少なく、化石燃料を使用しないことから開発が進んでいる。

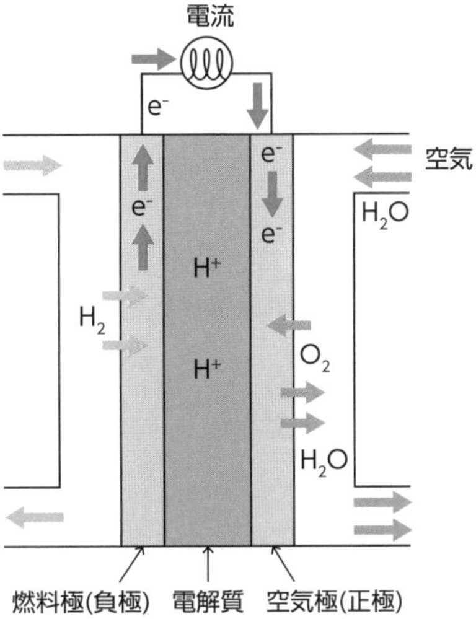

図5-4　燃料電池

表5-3　燃料電池

型	燃料	貴金属触媒(Pt等)	電解質(導電イオン)	電池反応		作動温度(℃)
				空気極(正極)	燃料極(負極)	
リン酸型 PAFC	H_2	必要	$H_3PO_4(H^+)$	$O_2+4H^++4e^-$ $\rightarrow 2H_2O$	$H_2\rightarrow 2H^++2e^-$	170〜200
溶融塩型 MCFC	H_2 CO	不要	Li_2CO_3-K_2CO_3 溶融塩(CO_3^{2-})	$O_2+2CO_2+4e^-$ $\rightarrow 2CO_3^{2-}$	$H_2+CO_3^{2-}\rightarrow$ $H_2O+CO_2+2e^-$	約650
固体酸化物型 SOFC	H_2 CO	不要	安定化ジルコニア(O^{2-})	$O_2+4e^-\rightarrow 2O^{2-}$	$H_2+O_2^-$ $\rightarrow H_2O+2e^-$	約1000
固体高分子型 PEFC	H_2 CH_3OH	必要	陽イオン交換膜(H^+)	$O_2+4H^++4e^-$ $\rightarrow 2H_2O$	$H_2\rightarrow 2H^++2e^-$	60〜100

POINT

燃料電池の原理を理解している。

例題5-3

リン酸型燃料電池（燃料が水素、酸化剤が酸素）において、全反応は

$$2H_2 + O_2 \rightarrow H_2O$$

である。この電池を1時間運転したところ、起電力が0.80Vとなり、1.93×10^8Cの電気量が流れた。生成した水の量（kg）と得られた電気エネルギー（kJ）を求めよ。ただし、H=1.00、O=16.0、ファラデー定数は96500 C/molとする。

補足：ファラデー定数は1モルの電子の持つ電荷量の絶対値に等しく、電気素量×アボガドロ定数から求めることができる。1Aの電流が1秒間に運ぶ電荷量を1C（C：クーロン）と定義する。

解答

1molの電子が流れると96500 Cとなるので、$1.93 \times 10^8 \div 9.65 \times 10^4 = 2.00 \times 10^3$ molの電子が流れたことになる。表5-3より1.00 molの水を作るには2.00 molの電子が必要なので、生成した水は1.00×10^3 molとなる。

よって、生成した水の量は$18.0 \times 1.00 \times 10^3 = 1.80 \times 10^4$ g = 18.0 kg

得られた電気エネルギーは$1.93 \times 10^8 \times 0.8 \fallingdotseq 1.54 \times 10^8$ J = 1.54×10^5 kJ

CHAPTER 5

5-2　ファラデーの法則

電気化学反応により変化する物質の質量 (w)は、反応に関与する電子数（イオンの価数と等しい）を z 、ファラデー定数をF、析出する金属元素の質量数をM、流す電流値をI(A)、電気分解の時間（電解時間）をt(s)として、

$$w = \frac{MIt}{zF}$$

となる。これをファラデーの法則とよぶ。ファラデーの法則は、電池反応や電気分解での物質の変化量を求める際の基礎となり、また、次の項で扱うメッキの基礎になるものでもある。

POINT

ファラデーの法則を用いて計算を行うことが出来る

例題5-4

鉛蓄電池の電解質として38.0%の希硫酸（密度1.28g/mL）が用いられているとする。5.00Aで放電したのち、正極および負極の質量を測定したところ、正極の質量が32.0 g、負極の質量が48.0 g増加していた。放電時間を求めよ。

H=1.00、O=16.0、S=32.0、Pb207とし、F=96500 C/molとせよ。

解答

表5-2の鉛蓄電池の放電反応を見ると、1mol電子の関与した反応で0.5molの硫酸鉛が正負両極で生成する。正極では生成したSO_2（式量64.0)、負極では生成したSO_4（式量96.0）の分だけ質量が増加することになる。生成量を見ると、1molの電子が流れた分量の質量増加がみられる。ファラデーの法則を用いて、

$$\frac{w}{M} = \frac{It}{zF} \text{より} 0.5 = \frac{5.00t}{2 \times 96500}$$

$$\therefore t = 19300(\mathrm{s})$$

5-3　メッキ

メッキは「表面処理」の方法のひとつであり、金属や非金属の表面を金属薄膜で被覆する技術である。代表的なメッキ法には電気メッキ（電解メッキともいう）と無電解メッキがある。

メッキが行われる目的としては、「表面の強度を上げる」「耐腐食性を付与する」「潤滑性を付与する」「表面を美しくする」などがある。

5-3-1　電気メッキ

電気メッキの例として図5-5に亜鉛メッキを示す。表面をメッキしたい物質をマイナス極に、成膜用の金属をプラス極に繋ぎ、成膜用金属を含む溶液を電解質として電気分解を行う。電解質中の金属イオンがマイナス極（カソード）上で還元され、材料表面を被覆する。この様な操作を電気メッキという。

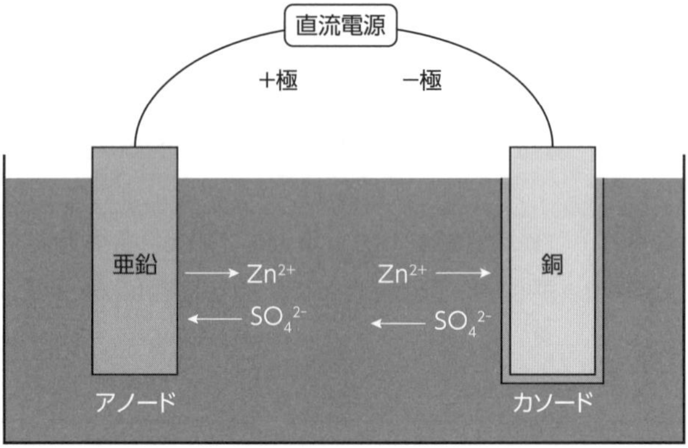

図5-5　電気メッキ

例題5-5

表面積5 m^2の材料を銀メッキしたい。銀メッキ膜を1 m^2当たり10.8㎎とする。10 mAで電解操作を行うとして、メッキに要する時間を求めよ。ただし、Ag=108、ファラデー定数を96500 C/molとする。

解答

$Ag^+ + e^- \rightarrow Ag$であり、反応に関与する電子は1個である。また、Agは54.0㎎析出させることになる。ファラデーの法則より

$$w = \frac{MIt}{zF}$$

$$54.0 \times 10^{-3} = \frac{108 \times 10 \times 10^{-3} t}{9.65 \times 10^4}$$

$t = 4825\mathrm{s} = 1\mathrm{h}20\mathrm{m}25\mathrm{s}$

4825秒（1時間20分25秒）

5-3-2　無電解メッキ

無電解メッキは化学反応により材料表面に被膜を付着させる方法で、電気を使わずに行うため無電解メッキとよばれている。無電解メッキには**置換メッキ**と**還元メッキ**がある。

置換メッキとは、還元電位が相対的に低い（電位が卑な）金属を、還元電位の相対的に高い（電位が貴な）金属イオンを含む溶液に浸漬すると、電位の卑な金属がイオン化し溶け出し、代わりに電位の貴な金属が析出する。

還元メッキとは、被膜として使用したい金属イオンを含む溶液に還元剤を加えると、溶液中の金属イオンが還元され析出し、材料表面を被覆する方法で、高校化学でアルデヒドの検出反応として勉強した**銀鏡反応**がこの例である。絶縁体にもメッキができるという利点がある。代表的な無電解メッキに、ニッケルメッキと銅メッキがある。

ニッケルメッキは、機械や化学プラントの部品、電子機器の電磁シールド、ハードディスクの基盤などの作製に利用されている。

銅メッキはプリント基板の作製で利用されている。

例題5-6

銅メッキは、塩基性条件でホルムアルデヒドを還元剤として行われてきた。

(1) メッキ反応の反応式を書け。

(2) 以下のデータ（単位は kJ/mol）より、(1) の反応の標準生成ギブズ自由エネルギーを求めよ。

$HCOO^-$ = −351.0、 H_2O = −237.13、 Cu^{2+} = 65.49、

HCHO = −125.39、 OH^- = −157.24

解答

(1) $Cu^{2+} + 2HCHO + 4OH^- \rightarrow Cu + 2HCOO^- + H_2 + 2H_2O$

(2) 単体（Cu、H_2）の標準生成ギブズ自由エネルギーは0kJである。

ヘスの法則（第I巻第10章参照）より、

$\{2 \times (-351.0) + 2 \times (-237.13)\} - \{65.49 + 2 \times (-125.39) + 4 \times (-157.24)\}$

よって、この反応は自発的に進むことが分かった。なお、最近はホルムアルデヒドの発がん性が問題となりヒドラジンなどを還元剤とする系が考案されている。

CHAPTER 5

5-4　腐食

腐食は酸素や水によって金属の表面が変質して品質が低下する現象である。どのような化学反応が起こっているのかを説明する。

図5-6を見ていただきたい。Feの表面は普通、酸化物の薄い層でおおわれているが、何らかの理由で酸化物層が壊れると、一部が$Fe \rightarrow Fe^{2+} + 2e^-$によりイオン化する。この時放出された電子が、Fe表面で$O_2 + 2H_2O + 4e^- \rightarrow 4OH^-$の反応により、$OH^-$を生じ、最終的に$Fe(OH)_2$がFe表面に生成する。このように、Feの腐食は表面で酸化還元反応が進行する過程のことである。生成物である$Fe(OH)_2$は、さらに、空気中の酸素により酸化されるとFe_2O_3やFe_4O_5となる。これら腐食による生成物を錆という。

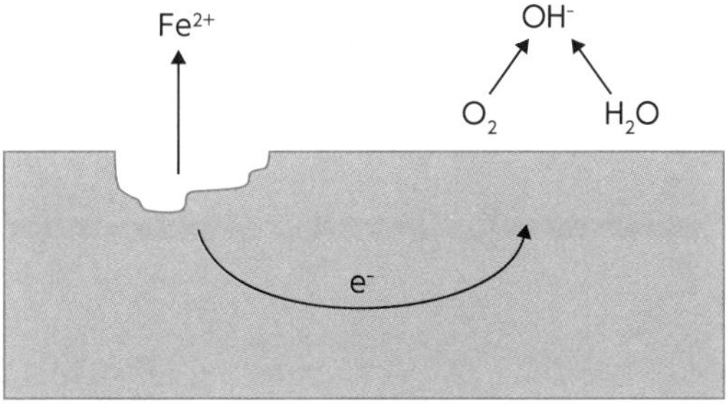

図5-6　腐食のメカニズム

また、酸化還元反応が起こる場所では、微小な電池が形成されているとみることもできるので、「局所電池が形成されている」と言われる。酸化還元反応の進行は、反応の起こる場の電位とも関係する。

図5-7にFeの状態がpHおよび電位でどのように変化するかを示している。このような図を電位-pH図もしくはプールベ図という。図5-7の2本の鎖線は水の酸化還元反応の起こる電位とpHの関係を示している。Fe表面に中性の水が付着すると、電位は点線上となり$Fe \rightarrow Fe^{2+} + 2e^-$が進むことが分かると思う。中性から酸性にかけては、イオン化しやすい、つまり、腐食が進むこともわかる。Feの電位を不働態の領域や、不活性な領域に変化させれば腐食しなくできる。このような方法を電気防食という。

他の金属の腐食でも、Feと同様の局所電池が形成され酸化還元反応が進んでいる。また、プールベ図も得られている。

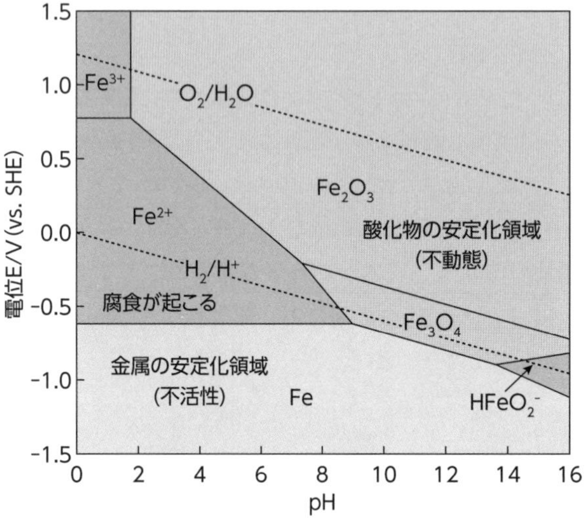

図5-7　鉄のプールベ図

例題5-7

金属が腐食するのを防ぐことを**防食**という。なぜ、防食が重要なのかを説明せよ。また、合わせて防食に用いられる技術をまとめよ。

解答

金属は建築物などの構造材料として用いられることが多く、腐食により強度などの劣化が進むと、構造を保つことが出来なくなり、様々な危険な状況が発生する。このため交換や建て替えなどの必要が発生する。この事態は経済的損失ばかりでなく、環境負荷の増大や資源の有効活用という面からもマイナス要因である。よって、防食技術の重要度が増すわけである。

主な防食法には、(1) 電気防食、(2) 塗装、(3) メッキ、(4) 無機被覆などがある。

電気防食は、上記で説明したように金属の電位を変化させ安定化する。塗装は、直接、金属が環境と接しないように塗料で表面を被覆することで防食を行う。無機被覆も同様の考え方で、金属以外のセラミックスやガラスで表面を被覆し防食する。

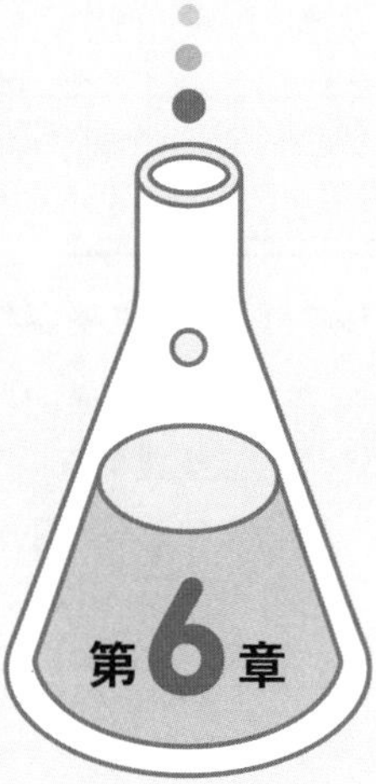

相変化理解の物理

本章で学ぶ内容

1. 相平衡と化学ポテンシャル
2. クラウジウス-クラペイロンの式
3. ギブズの相律
4. ベクトルの外積、フーリエ変換の基礎

第Ⅰ巻第10章で熱力学の基礎を学んだ。本章では、熱力学を使い相と相変化（相転移　ということもある）を解説し、相変化で重要な二つの項目クラウジウス-クラペイロンの式とギブズの相律の理解を目指す。さらに、後半で、次章以降で固体を学ぶために必要な数学の準備も行う。

6-1　熱力学の復習

第Ⅰ巻第10章で熱力学の基礎が解説されている。詳しくは、そちらを見て頂くことにして、ここでは、簡単に、熱力学のまとめを行っておこうと思う。

まず、純物質の状態関数（状態量）と、その相互関係について整理する。ここで、重要なマックスウェルの関係式についても触れる。熱力学において重要な状態関数は**内部エネルギー（U）**、**エンタルピー（H）**、**エントロピー（S）**、**ヘルムホルツ自由エネルギー（AもしくはF）**と**ギブズ自由エネルギー（G）**である。後で出てくる化学ポテンシャル（μ）は、物質1mol当たりギブズ自由エネルギーである。

熱力学では、普通、理想的な可逆過程での変化を考えるので、各状態関数の微分形は、

$$
\begin{aligned}
dU &= TdS - pdV \\
dH &= TdS + Vdp \\
dF &= -SdT - pdV \\
dG &= -SdT + Vdp
\end{aligned}
\tag{6-1}
$$

となる。また、各状態関数の全微分[注1]は以下のようになる。

$$
\begin{aligned}
dU &= \left(\frac{\partial U}{\partial S}\right)_V dS + \left(\frac{\partial U}{\partial V}\right)_S dV \\
dH &= \left(\frac{\partial H}{\partial S}\right)_p dS + \left(\frac{\partial H}{\partial p}\right)_S dp \\
dF &= \left(\frac{\partial F}{\partial T}\right)_V dT + \left(\frac{\partial F}{\partial V}\right)_T dV \\
dG &= \left(\frac{\partial G}{\partial T}\right)_p dT + \left(\frac{\partial G}{\partial p}\right)_T dp
\end{aligned}
\tag{6-2}
$$

式（6-1）と式（6-2）を比較すると、次の関係を得る。

注1　関数$z = f(x, y)$において、$z = f(x, y) = \dfrac{\partial z}{\partial x}dx + \dfrac{\partial z}{\partial y}dy$をzの全微分という（第Ⅰ巻第10章参照）。

$$
\begin{aligned}
T &= \left(\frac{\partial U}{\partial S}\right)_V = \left(\frac{\partial H}{\partial S}\right)_p \\
p &= -\left(\frac{\partial U}{\partial V}\right)_S = -\left(\frac{\partial F}{\partial V}\right)_T \\
V &= \left(\frac{\partial H}{\partial p}\right)_S = \left(\frac{\partial G}{\partial p}\right)_T \\
S &= -\left(\frac{\partial G}{\partial T}\right)_p = -\left(\frac{\partial F}{\partial T}\right)_V
\end{aligned}
\tag{6-3}
$$

状態関数は完全微分である。完全微分とは、$df = \left(\frac{\partial f}{\partial x}\right)_y dx + \left(\frac{\partial f}{\partial y}\right)_x dy$において、$\frac{\partial}{\partial y}\left(\frac{\partial f}{\partial x}\right)_y = \frac{\partial}{\partial x}\left(\frac{\partial f}{\partial y}\right)_x$が成立する関係である。例えば、式(6-2)の内部エネルギーの全微分から、

$$
\frac{\partial}{\partial V}\left(\frac{\partial U}{\partial S}\right)_V = \frac{\partial}{\partial S}\left(\frac{\partial U}{\partial V}\right)_S \Rightarrow \left(\frac{\partial T}{\partial V}\right)_S = -\left(\frac{\partial p}{\partial S}\right)_V
$$

となる。他の関数でも同じことを行うことが可能で、次の関係が得られる。

$$
\begin{aligned}
\left(\frac{\partial T}{\partial V}\right)_S &= -\left(\frac{\partial p}{\partial S}\right)_V \\
\left(\frac{\partial T}{\partial p}\right)_S &= \left(\frac{\partial V}{\partial S}\right)_p \\
\left(\frac{\partial V}{\partial T}\right)_S &= -\left(\frac{\partial S}{\partial p}\right)_T \\
\left(\frac{\partial p}{\partial T}\right)_V &= \left(\frac{\partial S}{\partial V}\right)_T
\end{aligned}
\tag{6-4}
$$

この式 (6-4) をマックスウェルの関係式とよぶ。

モル熱容量について、次の関係があった。

$$
C_V = \left(\frac{\partial U}{\partial T}\right)_V = T\left(\frac{\partial S}{\partial T}\right)_V ,\ C_p = \left(\frac{\partial H}{\partial T}\right)_p = T\left(\frac{\partial S}{\partial T}\right)_p
$$

POINT

マックスウェルの関係式を理解して、使うことが出来る。

例題6-1

理想気体の内部エネルギーは、定温条件では体積に依存しないことを示せ。

解答

簡単のため、理想気体1molについて考えることにする。

解答の方針としては$\left(\frac{\partial U}{\partial V}\right)_T = 0$を示せばよい。

式(6-1)より、$dU = TdS - pdV \Rightarrow \left(\frac{\partial U}{\partial V}\right)_T = T\left(\frac{\partial S}{\partial V}\right)_T - p$となる。ここに、式(6-4)を代入すると、$\left(\frac{\partial U}{\partial V}\right)_T = T\left(\frac{\partial p}{\partial T}\right)_V - p$となる。

ここに、理想気体の状態方程式(pV=RT)を代入すると、

$$\left(\frac{\partial U}{\partial V}\right)_T = T\frac{\partial}{\partial T}\left(\frac{RT}{V}\right)_V - p \Rightarrow \left(\frac{\partial U}{\partial V}\right)_T = T\frac{R}{V} - p = p - p = 0$$

よって、証明された。熱力学の問題で、定温(等温)条件では内部エネルギー変化は0という関係を用いるが、その根拠がこの例題である。

熱力学では、もう一つ重要な事項があり、これが示強変数と示量変数である(示強性変数などのように、"性"が入る教科書もある)。示強変数は変数の取る値が系の大きさに関係のない変数で、圧力や温度、密度などがある。示量変数とは、変数の取る値が系の大きさに比例する変数で、例えば、体積やエネルギーがある。系が大きくなれば、体積も大きくなるし、そこに含まれる分子数も増えるので系の全エネルギーも大きくなる。これから様々な変数が出てくるが、その変数が、示量変数なのか、示強変数なのかが重要となる場面(ちょうど、本章6-3がその例となる)もあるので、変数の性質を理解しておくことは重要である。

CHAPTER 6

6-2　相変化（相転移）

物質の化学的組成、化学的および物理的物性が同じ形態である部分を、一つの相としている。また、全体が一つの相であるなら、その物質は均一系（単相系）という。また、複数の相があるなら不均一系（多相系）であるという。気体状態なら**気相**、液体状態なら**液相**、固体状態なら**固相**とよぶ。

いろいろな温度・圧力の下で、どの状態（相）が安定なのかを示した図6-1を相図（状態図）という(相図に関しては第8章参照)。固相と液相の境を**融解曲線**、液相と気相の境を**蒸気圧曲線**、気相と固相の境を**昇華曲線**とよぶ。これら3つの曲線の交点を**三重点**とよんでいる。

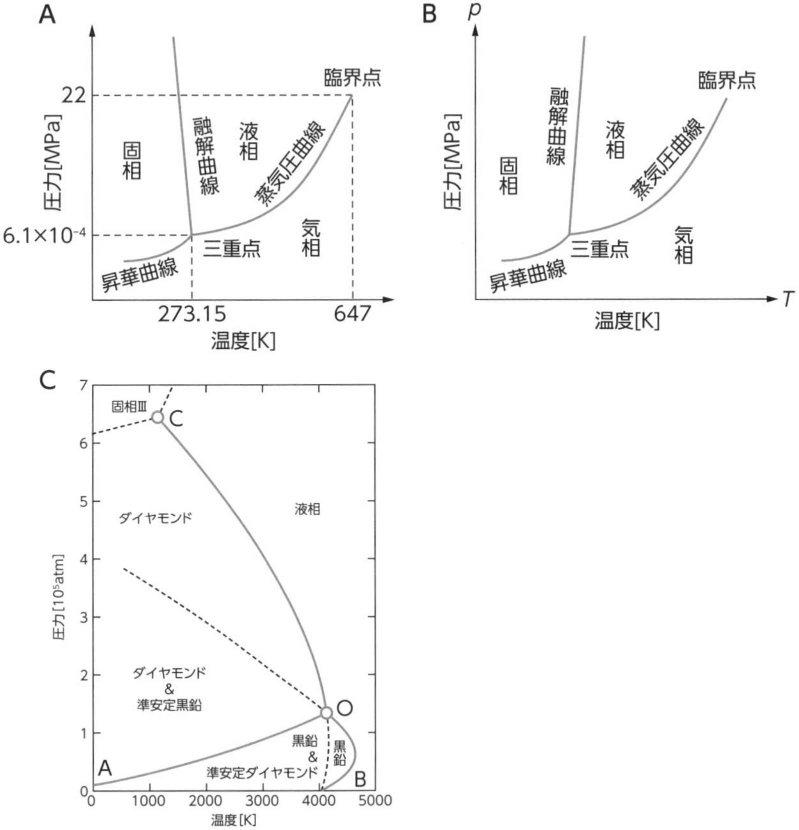

図6-1　pT状態図

図中にある臨界点とは、この点より高温・高圧な条件となると、物質は**臨界状態**になる。臨界状態とは、気相と液相の区別が出来なくなった状態と理解して頂くとよい。一般的に、物質の状態図はBのように、融解曲線の傾きが正の形となるが、H_2O（液相のH_2Oを水とよぶため、ここでは水という名称を使わないこととした）は特異的でAのように、融解曲線の傾きが負になる。ある相が、別の相に変化することを**相変化**もしくは**相転移**とよぶ。この相変化（相転移）が起こる温度を**転移点**とよび、転移点を結んだ曲線が、上で説明した3本の曲線、**融解曲線**、**蒸気圧曲線**、**昇華曲線**である。

各相は、必ずしも単一とは限らない。例えば、固相といっても、いくつもの相に分かれている場合もある（図6-1C）。

POINT

状態図から、定性的な情報を得ることが出来る。

例題6-2

ここに、273.15K、0.1013MPaの条件下の氷（固相のH_2O）がある。氷に圧力を一定温度に保ちながら加えていくと、どのような変化が起こるかを解説せよ。

解答

図6-1Aにあるように、氷の場合、融解曲線の傾きが負であるので、三重点以上の圧力下では、圧力が増すに従い融点が低温側にシフトする。つまり、問題の条件では、融点が下がることになるため、始め、一部の氷は融解し水に相変化する。その後も、圧力を上げていくと、全てが水となると予想される。例題6-3で、定量的な議論を行う。

CHAPTER 6

6-3　相平衡が成り立つ条件

図6-2を見て頂きたい。二つの相IとⅡが共存している。これら二つの相で、相平衡が成り立っているとすると、相Iから相Ⅱに変化する分子数は、相Ⅱから相Ⅰに変化する分子数と同じ数となる。この分子数をdnとする。相Ⅰの分子数をn^{I}、相Ⅱの分子数をn^{II}とすると、各相での自由エネルギーの変化量は

$$dG^{\mathrm{I}} = \left(\frac{\partial G^{\mathrm{I}}}{\partial n^{\mathrm{I}}}\right)_{P,T} dn = \mu^{\mathrm{I}} dn$$

$$dG^{\mathrm{II}} = \left(\frac{\partial G^{\mathrm{II}}}{\partial n^{\mathrm{II}}}\right)_{P,T} dn = \mu^{\mathrm{II}} dn$$

となる。ここで、μは化学ポテンシャルであり、右肩の添え字は相の種類である。相平衡が成り立っているから、$dG = dG^{\mathrm{I}} - dG^{\mathrm{II}} = (\mu^{\mathrm{I}} - \mu^{\mathrm{II}})dn \neq 0$であるから、$\mu^{\mathrm{I}} = \mu^{\mathrm{II}}$となる。相平衡が成り立つときは、平衡にある各相の化学ポテンシャルが等しくなる。また、化学ポテンシャルは圧力と温度の関数であるので、次のように書ける。

$$d\mu^{\mathrm{I}} = \left(\frac{\partial \mu^{\mathrm{I}}}{\partial p}\right)_{T} dp + \left(\frac{\partial \mu^{\mathrm{I}}}{\partial T}\right)_{p} dT$$

$$d\mu^{\mathrm{II}} = \left(\frac{\partial \mu^{\mathrm{II}}}{\partial p}\right)_{T} dp + \left(\frac{\partial \mu^{\mathrm{II}}}{\partial T}\right)_{p} dT$$

ここに、式（6-3）を代入すると、

$$d\mu^{\mathrm{I}} = \bar{V}^{\mathrm{I}} dp - \bar{S}^{\mathrm{I}} dT$$

$$d\mu^{\mathrm{II}} = \bar{V}^{\mathrm{II}} dp - \bar{S}^{\mathrm{II}} dT$$

となる。化学ポテンシャルは1mol当たりの量なので、関係する全ての変数も1mol当たりの量を用いることになる。上記の式中の体積とエントロピーもそれぞれ1mol当たりの量であることを表すため$\bar{V}, \bar{S}$としている。同様の表記法で考えるなら、$\mu = G$となる。上の式に、平衡条件$\mu^{I} = \mu^{\mathrm{II}} \Rightarrow d\mu^{I} = d\mu^{\mathrm{II}}$を入れると、

$$\frac{dp}{dT} = \frac{\bar{S}^{\mathrm{II}} - \bar{S}^{\mathrm{I}}}{\bar{S}^{\mathrm{II}} - \bar{V}^{\mathrm{I}}} = \frac{\Delta S}{\Delta V} \tag{6-5}$$

を得る。この式をクラペイロンの式という。この式は、図6-1の各曲線の傾きを表す式である。

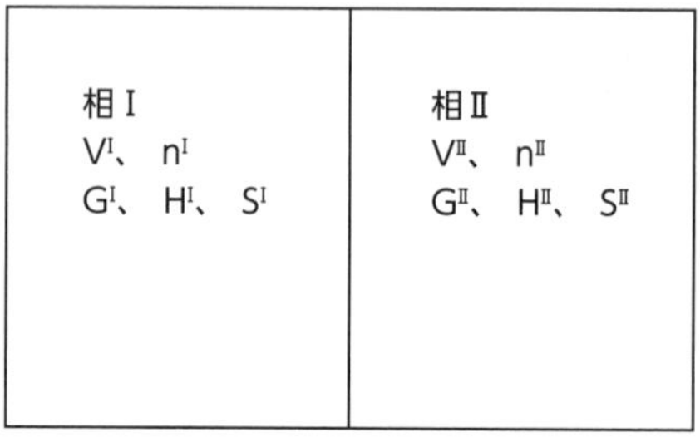

圧力と温度は両相で等しいとする

図6-2　相平衡

6-3-1　気液平衡（蒸気圧曲線）

気相と液相が平衡関係にある時、1molの蒸発のエンタルピー変化（蒸発熱ともいう）を$\Delta_v \bar{H}$とすると、$\Delta \bar{S} = \frac{\Delta_v \bar{H}}{T}$となる。気相は理想気体であると仮定すると、

$$\frac{dp}{dT} = \frac{p \Delta_v \bar{H}}{RT^2} \tag{6-6}$$

となる。この式をクラウジウス-クラペイロンの式とよんでいる。この式の$\Delta_v \bar{H}$を昇華のエンタルピー変化$\Delta_s H$とすると、気固平衡（昇華曲線）の傾きを表す式

$$\frac{dp}{dT} = \frac{p \Delta_s \bar{H}}{RT^2} \tag{6-7}$$

となる。

6-3-2　固液平衡（融解曲線）

融解熱を$\Delta_m \bar{H}$とすると、式6-6は

$$\frac{dp}{dT} = \frac{\Delta_m \bar{H}}{T\Delta \bar{V}} \qquad (6\text{-}8)$$

となる。

POINT

クラペイロンの式の意味を理解している。

例題6-3

氷の融解曲線の傾きが0.5気圧から1000気圧まで一定であるとする。1気圧での氷の融点を273.15 Kとする。1000気圧で融点温度が7.503 K下がった。1気圧、273.15 Kで、$\Delta \bar{V}$が－1.63 mLとする。1気圧、273.15 Kでの$\Delta_m \bar{H}$を求めよ。

解答

問題の条件より、

$$\frac{dT}{dp} = \frac{\Delta T}{\Delta p} = \frac{-7.503}{1000-1} = -0.00751\left(K \cdot \mathrm{atm}^{-1}\right)$$

となる。この値を式6-8に入れると、

$$\frac{dp}{dT} = -\frac{1}{0.00751}\left(\mathrm{atm} \cdot K^{-1}\right) = \frac{\Delta_m \bar{H}}{T\Delta \bar{V}}$$

$$= \frac{\Delta_m \bar{H}(J \cdot \mathrm{mol}^{-1})}{273.15(K) \times (-1.63 \times 10^{-3})(L \cdot \mathrm{mol}^{-1})} \times \frac{0.082(L \cdot \mathrm{atm} \cdot K^{-1} \cdot \mathrm{mol}^{-1})}{8.314(J \cdot K^{-1} \cdot \mathrm{mol}^{-1})}$$

$$-133.1558 = -0.022152\Delta_m \bar{H}$$

$$\Delta_m H = 6011(J \cdot \mathrm{mol}^{-1})$$

となる。$\Delta \bar{V}$が負であるため、他の物質と異なり圧力がかかると氷の融点が低下する（融解曲線が負となっている）わけである。

6-4　再び相変化（相転移）

相変化（相転移）について、もう一度、見ておきたい。相変化（相転移）とは6-2でみたように、ある相から別の相に変化する現象である。では、変化の方向は、どの様にして決められているのであろうか。図6-3を見て頂きたい。この図は、相Ⅰから相Ⅱに温度T_tで変化するときの化学ポテンシャルの変化を示したものである。温度T_tは転移点とよばれている。

転移点以下の温度では、相Ⅰの化学ポテンシャルの方が低く、転移点以上では、相Ⅱの化学ポテンシャルが低くなっている。物質が、どちらの相をとるかは、化学ポテンシャルの大きさで決まってくることが、よく分かると思う。この関係は、第8章で解説される相図の理解に重要であり、よく理解してほしい。

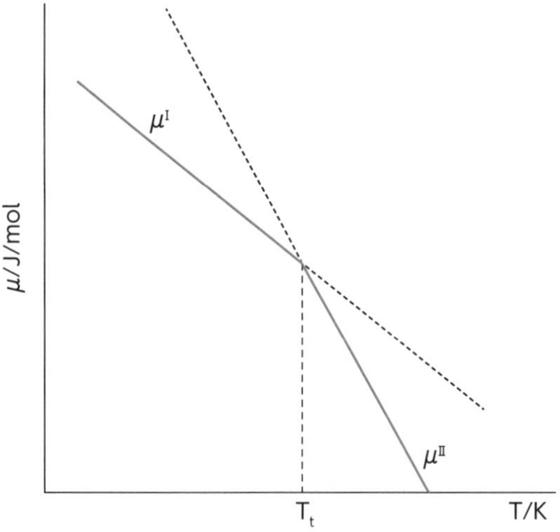

図6-3　相転移

6-5 ギブズの相律

物質には様々な相がある。図6-1では単一物質の例を示していたが、混合物になると、話はもっと複雑になる。図6-4はオリビンという鉱物の相図である。横軸がケイ酸マグネシウムのモル分率である。また、もう一方の成分がケイ酸鉄であることも示されている

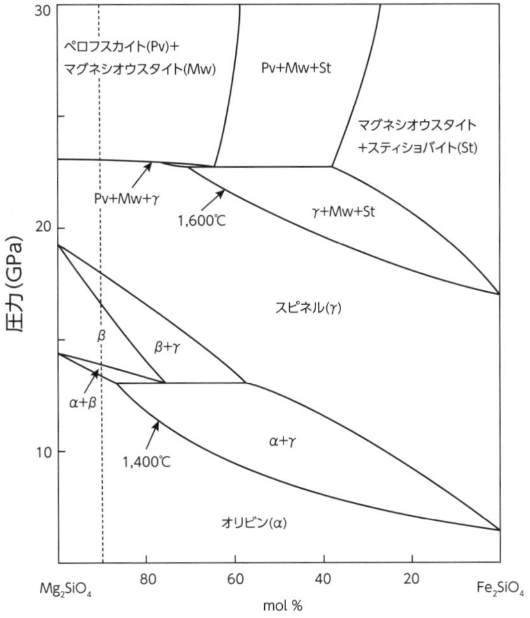

図6-4 混合物の相図

では、成分がもっと多くなれば、相の構成もより複雑になるのだろうか。この問いの答えは、成分数と実現できる相の数の関係を示すギブズの相律を見ればわかる。

相の数を変えずに自由に変化させることが出来る示強変数の数を自由度(f)とし、成分数をC、相の数をPとしたとき、

$$f = C + 2 - P \tag{6-9}$$

という関係が成り立つ。これをギブズの相律とよんでいる。

例えば、成分数が1のとき、単一相なら自由度は2となる。つまり、温度と圧力を自由に変えることが可能である。成分数が同じく1で2相が存在するなら自由度は1となり、温度か圧力のどちらか一方しか変化させることが出来ない。

POINT

ギブズの相律の意味を理解する

例題6-4

三重点（図6-1）では、3つの相が共存している。ギブズの相律から、三重点がなぜ、1点なのかを説明せよ。

解答

H_2Oについて考えることにする。図6-1Aに示されるように、三重点では、気相、液相、固相が共存する点なので、P=3である。また、成分数はC=1である。

これをギブズの相律式（6-9）に代入すると

$$f = C + 2 - P = 1 + 2 - 3 = 0$$

となり、自由度が0、すなわち、自由に変化させることが出来る示強変数はないことが示された。このことは、三重点が、ただ一つの点となり、その温度と圧力が決まっていることを示している。

CHAPTER 6

6-6 （補足1）ベクトル

固体を学ぶときには、ベクトルが重要な役割を果たす。高校数学、基礎的なベクトルの計算は勉強していると思われるので、高校数学にない部分を解説する。

まず、高校数学の簡単な復習を行う。

$\vec{a} = \begin{pmatrix} a_x \\ a_y \\ a_z \end{pmatrix}, \vec{b} = \begin{pmatrix} b_x \\ b_y \\ b_z \end{pmatrix}$という二つのベクトルがあったとする。ベクトルは列ベクトルで示すのが一般的である。ただ、スペースをとるので、転置して、$\vec{a} =^t (a_x, a_y, a_z)$とすることも多い。ベクトルの基礎演算は、

$$\vec{a} \pm \vec{b} =^t (a_x \pm b_x, a_y \pm b_y, a_z \pm b_z)\ (\text{複合同順})$$

となる。

内積は、$\vec{a} \cdot \vec{b} = a_x b_x + a_y b_y + a_z b_z = |\vec{a}||\vec{b}| \cos\theta$となる。$\theta$は二つのベクトルのなす角である。内積は、一つの数値（スカラー）を与える演算であることを理解してほしい。また、ベクトルの大きさは、$|\vec{a}| = \sqrt{a_x^2 + a_y^2 + a_z^2}$で与えられる。

ベクトルの外積は図6-5のように、二つのベクトルに垂直なベクトルを与える。結果をして得られるベクトルの方向は、図中の右ねじの進む方向となる。

$|\vec{a} \times \vec{b}| = \begin{pmatrix} a_y b_z - a_z b_y \\ a_z b_x - a_x b_z \\ a_x b_y - a_y b_x \end{pmatrix} = |\vec{a}||\vec{b}| \sin\theta$となる。

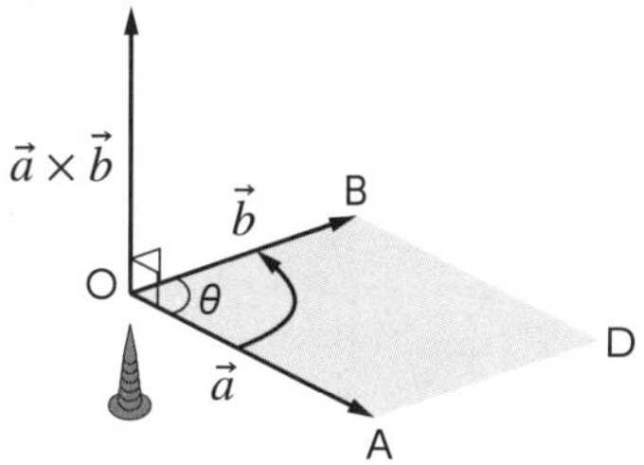

図6-5　ベクトルの外積

ベクトルの外積は、二つのベクトルが作る平行四辺形の面積も表している。また、$\vec{a} \times \vec{b} = -\vec{b} \times \vec{a}$との関係もある。「×」は外積の場合に使うので、決して、内積を表す際に使ってはいけない。

上記の二つのベクトルに を加えた三つのベクトルについて考える。図6-6にある平行六面体の体積は$V = \vec{a} \cdot \left(\vec{b} \times \vec{c}\right) = \vec{b} \cdot (\vec{c} \times \vec{a}) = \vec{c} \cdot \left(\vec{a} \times \vec{b}\right)$となる。この式は、結晶の単位格子の体積を求めるときに役立つ（単位格子については第7章参照）。

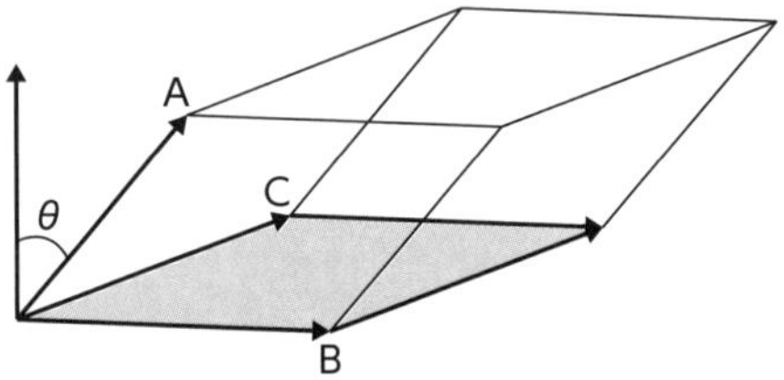

図6-6　平行六面体の体積

例題6-5

二つのベクトル$\vec{a} = {}^t(1,1,2), \vec{b} = {}^t(2,4,3)$を用いて、$\vec{a} \times \vec{b} = -\vec{b} \times \vec{a}$を確認せよ。また、二つのベクトルのなす角度を$\theta$として$\sin\theta$を求めよ。

解答

$$\vec{a} \times \vec{b} = \begin{pmatrix} 1 \times 3 - 2 \times 4 \\ 2 \times 2 - 1 \times 3 \\ 1 \times 4 - 1 \times 2 \end{pmatrix} = \begin{pmatrix} -5 \\ 1 \\ 2 \end{pmatrix} \quad \vec{b} \times \vec{a} = \begin{pmatrix} 2 \times 4 - 1 \times 3 \\ 1 \times 3 - 2 \times 2 \\ 1 \times 2 - 1 \times 4 \end{pmatrix} = \begin{pmatrix} 5 \\ -1 \\ -2 \end{pmatrix}$$

$$\therefore \vec{a} \times \vec{b} = -\vec{b} \times \vec{a}$$

$$|\vec{a} \times \vec{b}| = \sqrt{(-5)^2 + 1^2 + 2^2} = \sqrt{30}$$

$$|\vec{a}| = \sqrt{1^2 + 1^2 + 2^2} = \sqrt{6}$$

$$|\vec{b}| = \sqrt{2^2 + 4^2 + 3^2} = \sqrt{29}$$

$|\vec{a} \times \vec{b}| = |\vec{a}||\vec{b}| \sin\theta$なので

$\sqrt{30} = \sqrt{6} \cdot \sqrt{29} \sin\theta$より$\sin\theta = \sqrt{\dfrac{30}{6 \times 29}} = \sqrt{\dfrac{5}{29}}$

6-7 （補足2）フーリエ変換

FT-○○という名前の分析法（例えば、FT-IR）を聞くことがあるかと思う。このFTは“フーリエ変換”を示している。フーリエ変換は、もともと変数変換を行うための数学手法であり、偏微分方程式の解を得るための重要な方法である。

では、何故、分析の分野でフーリエ変換が重宝されるのかを見てみよう。図補6-3を見て頂きたい。信号を連続的に記録すると、左上のように、横軸が時間のスペクトルとして記録できる。しかし、このままでは、十分な情報を得ることが出来ない。

例えば、上の例のFT-IR（IRは赤外分光法；振動周波数を測定し、分子の構造などの情報を得る）では、どの様な周波数の信号が含まれているのかが重要である。そこで、横軸を周波数に変数変換を行う必要が出てくる。この作業で使われるのがフーリエ変換である。フーリエ変換を行うと、右下のようなスペクトルを得ることが出来る。また、フーリエ変換の逆を“フーリエ逆変換”とよんでいる。フーリエ変換は、X線構造解析でも重要な役割を果たす。

では、どのようにして時間の関数を周波数の関数に変換するのかを見ていく。今、変数をt（時間）とする関数$f(t)$があるとする。関数$f(t)$のフーリエ変換を$F(\omega)$とすると、$f(t)=\dfrac{1}{\sqrt{2\pi}}\displaystyle\int_{-\infty}^{\infty}F(\omega)e^{i\omega t}dt$となる。このような積分を行うことで、変数が時間から周波数(ω)に変換された。ここで、$\omega=\dfrac{2\pi}{T}, \lambda=\dfrac{2\pi}{k}=\dfrac{2\pi v}{\omega}$である。$T$は周期、$k$は波数、$v$は波の速度である。このように、信号の時間変化を周波数分布に変換することで、得られる情報量が増加し、構造解析や物性測定で、有用な情報を多く得ることができるようになる。この関係は、固体物性をあつかう第13章で詳しく説明する。

$f(t)=\dfrac{1}{\sqrt{2\pi}}\displaystyle\int_{-\infty}^{\infty}F(\omega)e^{i\omega t}dt$という関係も成り立ち、これがフーリエ逆変換である。ここでは変数を「時間」と「周波数」としたが、様々な変数を使うことが出来る。例えば、単純にxとyといったようにすることも可能である。フーリエ変換を十分理解するには、解析学などを十分勉強する必要がある。ここでは、「フーリエ変換により、関数の変数を変えることが出来る」と理解しておいてもらえれば十分である。

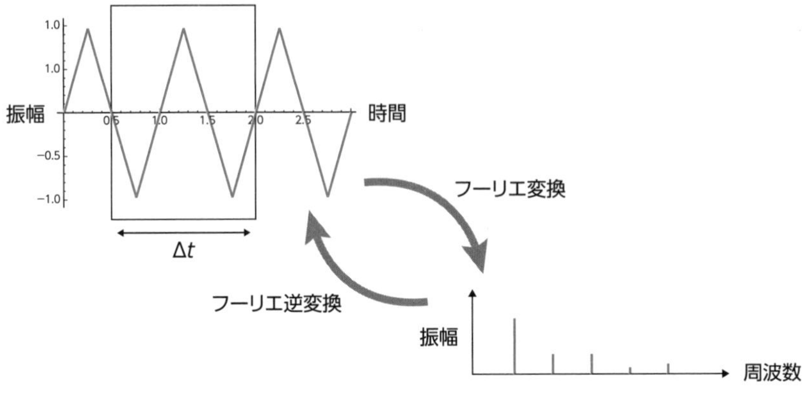

図6-7　フーリエ変換

参考文献

アトキンス他「アトキンス物理化学要論(第6版)」東京化学同人(2016)

マッカーリ、サイモン「物理化学－分子論的アプローチ」(上) 東京化学同人(1999)

川瀬雅也、山川純次「大学で学ぶ化学」化学同人(2012)

相良紘「はじめて学ぶ化学工学のための熱力学」日刊工業新聞社(2012)

COLUMN

化学と物理

大学に入学して、化学の講義に出席すると、多くの場合、まず、化学熱力学が教えられるのではないかと思う。第Ⅰ巻と第Ⅱ巻で、基本的な熱力学のエッセンスをまとめたが、なぜ、このようなものが必要なのか。しかも、偏微分という得体のしれないものが出てくるし、訳の分からないUだのHだの、いろいろな記号が出てくると思われたのではないだろうか。

ここで、少し頭の中を柔軟にして頂きたいのだが、そもそも物理、化学、生物・・・は、人間が勝手に作った分野で、自然は、このような区別をしていない。つまり、熱力学は物理の分野のもので、化学ではないという話にはならないということである。自然現象を扱い、その真理を見極めようとするなら、人間が勝手作った分野という枠にとらわれずに、広く勉強する必要があることを分かって頂けるのではないだろうか。

ネルンストやファラデーなど、化学を語る上で外せない研究者も化学者であり物理学者であることからも、両分野が密接に関わっていることが窺える。

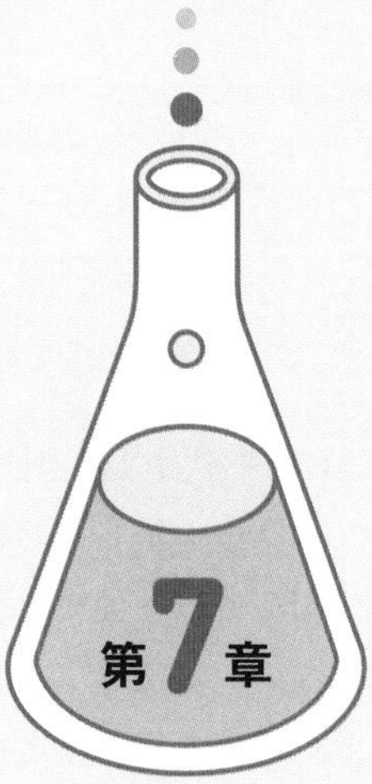

固体の基礎

本章で学ぶ内容

1. 結晶、準結晶、非晶質
2. 合金と固溶体
3. ブラベ格子、格子定数、ミラー指数
4. 体心立方格子、面心立法格子、六法最密充填の基本的な性質

　固体物質には純金属、合金、半導体、セラミックス、高分子物質などがあり、無機固体の多くが結晶であると言っても過言ではない。しかしそれ以外に、ガラスに代表される非晶質や無定形、結晶に準ずるもの、異なる物質が混ざってできた固体も存在する。本章では、いくつかの固体の種類について特徴を紹介し、結晶構造に関する基礎的な事項をまとめて理解する。

CHAPTER 7

7-1　固体の種類

7-1-1　結晶

結晶は原子間の距離に比べてはるかに長距離の範囲において秩序（規則性）をもち、原子の周期的な配置、または配列を示す。しかし、完全な結晶を形成するのは非常に難しく、多くの結晶において微小な不規則箇所や原子欠損箇所がありえる。これらのわずかな不規則性や欠損が、その結晶の電気伝導性などの性質に影響を及ぼしている。結晶の場合には、その結晶をつくる原子や物質の単原子レベルの性質よりは、バルク全体でみたときの、結晶性、不規則性、欠損など、広範囲で見た構造が影響を及ぼすことが多い。

また多くの結晶には平らな面が見られ、特定の面に対して破壊（へき開ともいう）する性質をもつ。また同じ物質であっても、結晶構造が異なり、複数の結晶構造を示すことがあり、これを多形という。例えば、炭酸カルシウムには、カルサイト、バテライト、アラゴナイトの違う形が存在する。次に、炭酸カルシウムのそれぞれの結晶の写真と特徴を示した。

図7-1　過飽和溶液より析出した炭酸カルシウムの結晶（aカルサイト　bアラゴナイト　cバテライト）
画像提供　東京大学大学院理学系研究科地球惑星科学専攻　小暮敏博教授
（『生物の科学　遺伝』2010年7月号, p.3より許可を得て転載）

表7-1　炭酸カルシウムの各結晶の特徴

結晶名		カルサイト	アラゴナイト	バテライト
結晶構造の名前		三方晶	斜方晶	六方晶
結晶化した鉱物の名前		方解石	あられ石	自然にほとんどない
鉱物の性質	硬度	3	3.5〜4	3
	屈折率	1.49〜1.69	1.53〜1.69	1.56〜1.66
	比重	2.7	2.9	2.5〜2.6

結晶を形成するには様々な方法がある。例えば、水溶液からの析出、溶融塩からの冷却、気相での蒸着などである。また結晶の形成過程に依存して、単結晶でなく多結晶が得られることがある。**多結晶体**は複数の単結晶が集まって構成されていて、隣接する単結晶間に結晶粒界と呼ばれる界面が存在する。よって多結晶体には、結晶粒界の性質が加わるため、単結晶そのものの性質と異なることが多い。セラミックスの多くは多結晶性の非金属系の無機固体材料である。

結晶を形作っている原子間の結合力は強いものから、共有結合、イオン結合・金属結合、分子間力の順となる。

例題 7-1

上に示した結合に基づいて結晶をいくつかの種類に分類し、その特徴と実例を示せ。特に融点や電気伝導性について結合による違いを説明せよ。

解答

次の表7-2のように分類できる。

結合力の強い共有結合結晶は融点がもっとも高くなり、結合力の弱い分子結晶はもっとも低い融点となる。電気伝導性は、金属結晶を形づくっている金属結合そのものが電子の海であることから高くなる。イオン結晶では融解して液体状態になった場合や、イオン結晶の水溶液ではイオンが自由に動けるため電気伝導性を示すが、結晶そのものは不導体である。

表7-2　結合に基づく結晶の種類と特徴

	イオン結晶	共有結合	分子結晶	金属結晶
例	NaCl,CaO	ダイヤモンド	CO_2,I_2,ナフタレン	Na,Fe
構成粒子	陽イオンと陰イオン	原子	分子	陽イオン（および自由電子）
結合の種類	イオン結合	共有結合	分子間力（水素結合を含む）	金属結合
融点・沸点	高い	極めて高い	低い（昇華性を持つものが多い）	種類によって異なる（遷移金属は一般に高い）
硬さ	硬くてもろい	硬い（黒鉛は軟らかい）	軟らかい	種類によって異なる（展性、延性がある）

	イオン結晶	共有結合	分子結晶	金属結晶
電気伝導率	結晶は不導体 融解液と水溶液は良導体	不導体	良導体	
水溶液	溶けるものが多い	溶けない	無極性分子は溶けにくい 極性分子は溶ける	溶けない

7-1-2　準結晶

準結晶の研究の発展には、2011年のノーベル化学賞を受賞したシェヒトマン博士の貢献が大きいとされる。準結晶が発表されたのは1984年で、これまで固体は結晶か非結晶かに二分されていたのに対し、準結晶が発見されてから、固体物質の新しい形態として位置づけられるようになった。準結晶は結晶のように規則性は示すものの、結晶にはふつう見られない5回対称性という構造を示す。

準結晶が物質の新たな形態であることは、安定な準結晶が多種類合成可能であることからも示された。その後、準結晶となる合金の組み合わせ、配合比率、格子構造の種類なども発見されている。また、同じ物質でも構造が準結晶になると結晶に比べて電気抵抗が大きいこと、硬度が高いこと、摩擦が低いことなどが発見されている。

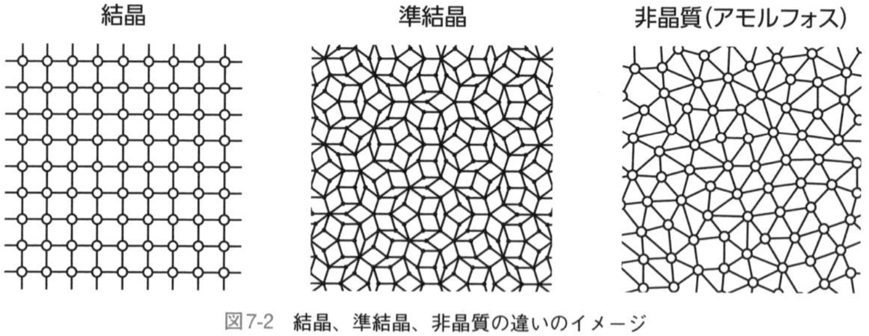

図7-2　結晶、準結晶、非晶質の違いのイメージ

7-1-3　非晶質

非晶質の固体は、長距離秩序がない物質を示し、場合により短距離秩序を有

するものもある。非晶質のことを**アモルファス**または**無定形固体**とよぶこともある。非晶質の代表例がガラスやゲルであり、そのほか無定形炭素、非晶質元素半導体（アモルファスシリコンなど）、非晶質合金などがある。

理論的には、ほとんどすべての物質を非晶質状態にすることが可能であると考えられている。液体や気体が秩序化して結晶化するのを急冷などにより防げば実現できる。実際に、非晶質状態を得る方法には、過冷却（凝固点より下の温度まで液体状態を保ったまま冷却すること）、気相成長、ゲル化などがある。

図7-3のように、液体は融点T_m（または凝固点）で結晶化し、一般にその点で体積は不連続に減少する。しかし、物質を融点以上まで加熱して融解させ、過冷却させると、粘性が増大して融点でも結晶化せず体積は徐々に減少する。さらに冷却を続けるとガラス転移温度T_gで体積変化が急に小さくなる。物質はT_g以下でガラス状態になる。

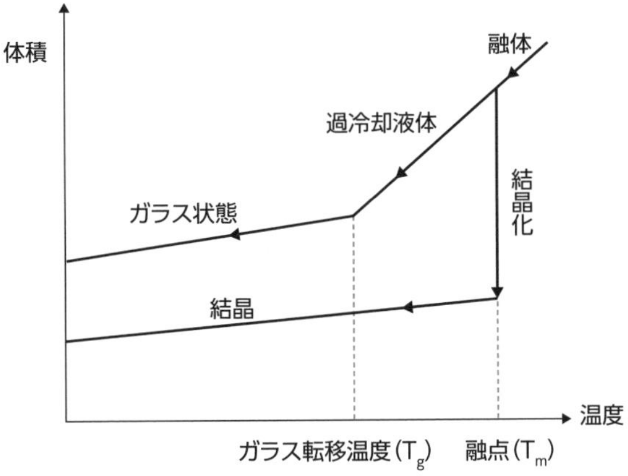

図7-3　ガラス転移の概念図

7-2　合金と固溶体

2種類以上の金属を混ぜ合わせた複合材料を**合金**といい、合金には金属元素だけを含むもの、金属元素と非金属元素からなるものがある。規則合金と不規則合金があり、規則合金は、もとの金属と異なる結晶構造をもつことがある。また、合金にはいくつかの状態があり、完全に溶け込んでいる**固溶体**、微小なレベルでは各成分の金属の結晶がそれぞれ独立している**共晶**、原子のレベルでみると一定割合で結合している**金属間化合物**などがある。

たとえば2種類の金属からなる固溶体は、元の金属のどちらかの構造を保持しながら、もう一方の金属原子がランダムに置換または侵入した状態となり、その組成はある範囲の中で可変となる。

図7-4に、**侵入型固溶体**、**置換型固溶体**、金属間化合物のイメージ図を示した。

侵入型合金では、金属原子の並んだ隙間に他の金属原子（または非金属原子）が入り込んでいる。この型の合金を与えるのは4〜6族の遷移元素に限られ、侵入しやすいのは原子半径の小さい元素で水素、炭素、窒素、ホウ素などである。

置換型固溶体は、結晶中にすでに存在する原子と別の原子が置換したものである。イオンになったときの電荷が同じでそれぞれの原子半径が同じぐらいであると置換が起きやすい。例えばα-アルミナにクロムをドープするとルビーができる。クロムは結晶格子の中で容易にアルミニウムと置き換わることができる。

金属間化合物では、元の金属と異なる特有の結晶構造をもつこと、電子状態が大きく異なる元素同士が規則的に配列することで単体金属にはない特異な性質を示すものがあることがわかっている。

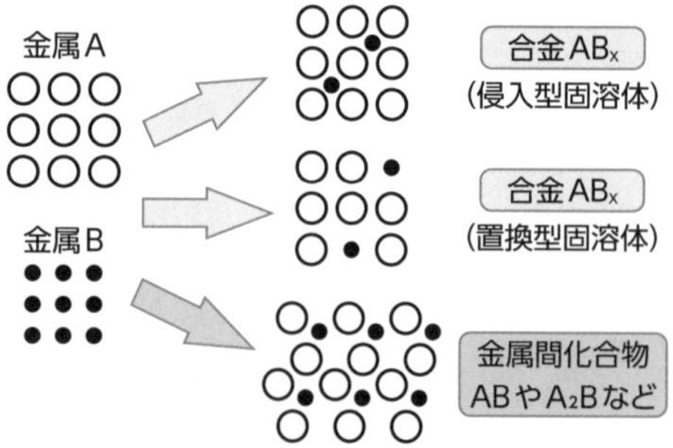

図7-4　固溶体および金属間化合物のイメージ

CHAPTER 7

7-3　ブラベ格子、格子定数と面指数

7-3-1　単位格子と結晶系

金属や合金のもつ結晶は、原子が3次元空間に規則的にまた周期的に配列している。その構造は、図7-5に示すような平行六面体の形をした空間格子が基本単位となり、原子または原子団をその頂点（格子点）に配置することによって表すことができる。これは**単位格子**（または単位胞）と呼ばれ、この単位格子はそこにできる3つの単位格子軸それぞれの方向での長さ（**軸長**）a、b、cとそれぞれの軸で作られる角度（**軸角**）α、β、γの6個の定数で定義することができる。これらを**格子定数**という。また、これらの定数で7つの結晶系に分類される。また、体積が最小となる単位格子を**基本単位格子**という。

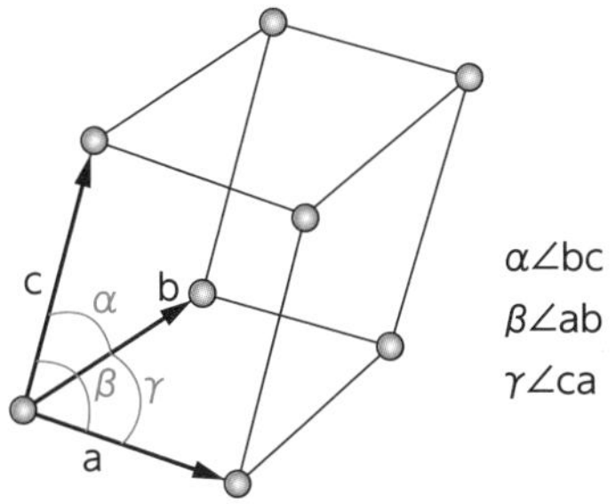

図7-5　3次元単位格子

表7-3　3次元単位格子において各部分が共有される割合

位置	格子の割合
頂点	1/8
稜	1/4
面	1/2
内部	1

基本単位格子の中心（体心）や上下面の中心（底心）、各面の中心（面心）のように，元の単位格子の対称性を崩さないように格子点を加えた格子は全部で14種類となる。これらはブラベ格子として知られる。

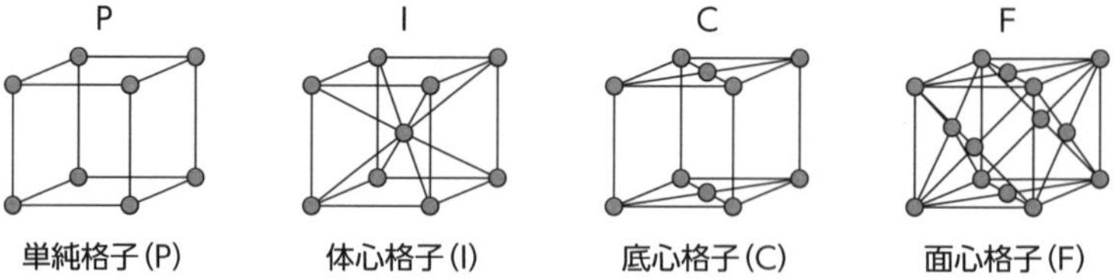

図7-6　4種類の格子

表7-4　結晶系とブラベ格子の特徴

結晶系	軸長・軸間の角度	ブラベ格子	格子記号
立方 cubic	a = b = c	単純	P
	$\alpha = \beta = \gamma = 90°$	体心	I
		面心	F
正方 tetragonal	a = b ≠ c	単純	P
	$\alpha = \beta = \gamma = 90°$	体心	I
斜方 orthorhombic	a ≠ b ≠ c	単純	P
	$\alpha = \beta = \gamma = 90°$	体心	I
		底心	C
		面心	F
三方 trigonal	a = b = c	単純	R
	$\alpha = \beta = \gamma \neq 90°$		
六方 hexagonal	a = b ≠ c	単純	P
	$\alpha = \beta = 90°,\ \gamma = 120°$		
単斜 monoclinic	a ≠ b ≠ c	単純	P
	$\alpha = \gamma = 90° \neq \beta$	底心	C
三斜 triclinic	a ≠ b ≠ c	単純	P
	$\alpha \neq \beta \neq \gamma \neq 90°$		

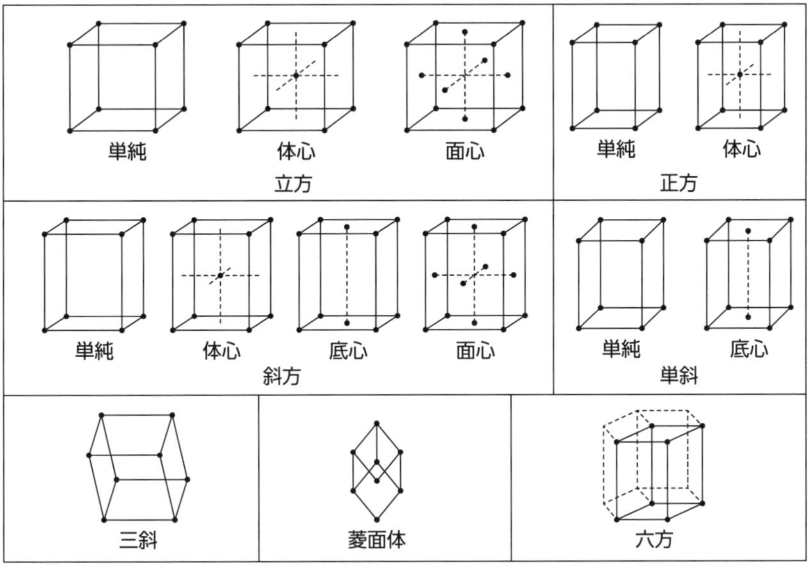

図7-7　14のブラベ格子の構造

例題7-2

八面体6配位をとるイオン結晶において、陽イオンの半径をr_c、陰イオンの半径をr_aとしたときの限界半径比を求めよ。

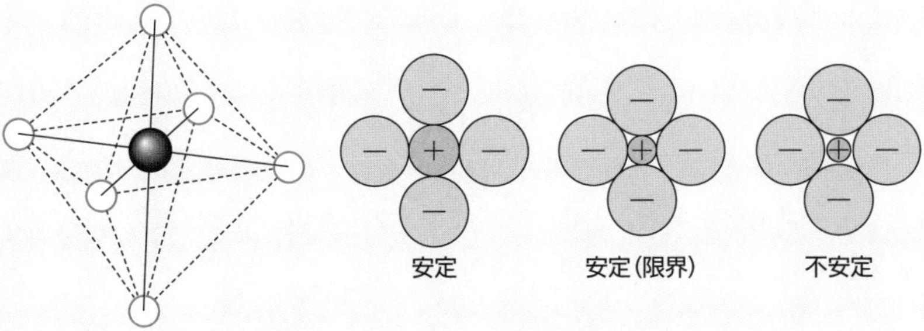

図7-8　6配位八面体のイメージ（左）と限界半径比のイメージ（右）

解答

図の中心に示された状態におけるイオン半径比r_c/r_aを限界半径比という。このとき、$r_c + r_a = 2\sqrt{2}r_a$の関係から、$r_c/r_a = 0.414$となる。

例題7-3

塩化ナトリウム型構造は、どのブラベ格子を有するか。その単位格子には陽イオンおよび陰イオンが何原子ずつ含まれるか求めよ。また、塩化ナトリウム型構造をもつ酸化マグネシウムMgOの室温のおける格子定数は$a = 0.420$ nmで、式量はM=40.30であるとする。MgOの密度を求めよ。

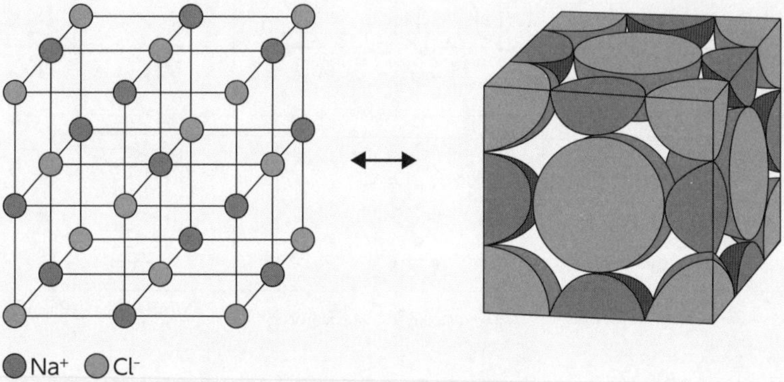

図7-9　塩化ナトリウム型構造

解答

塩化ナトリウム型構造の単位格子は面心立方格子と同じである。その中には、陽イオンは体心位置に1原子12個の稜（辺）の中心に1/4原子ずつ含まれる。陰イオンは、8個の頂点に1/8原子ずつ、6個の面心位置に1/2原子ずつ含まれる。

陽イオン ＝ $1 + 12 \times (1/4) = 4$原子

陰イオン ＝ $8 \times (1/8) + 6 \times (1/2) = 4$原子

また、MgOの結晶では単位格子にMgおよびOが4個ずつ含まれることになるので、単位格子あたりの化学式数は4となるため、密度は次のように求められる。

$$密度 = \frac{40.30 \times 4}{6.02 \times 10^3 \times (0.420 \times 10^{-7})^3} = 3.61(\mathrm{g/cm^3})$$

7-3-2 格子面とミラーの面指数、面間隔

結晶の構造やその中の原子の位置を、実験的に正確に決定できる手段として、X線回折がある。結晶内には、原子が規則正しく配列してつくられる格子面が存在する。原子間距離と同程度の波長のX線を結晶に照射すると、その格子面でX線は反射して回折する。反射して回折されたX線を検出すると、結晶構造を決定することができる。図に示すように格子面の第1面と第2面の光路差は$2d\sin\theta$となり（dは面と面の距離）、その値が波長の整数倍となるときにX線の強度が干渉によって強めあう。これをブラッグの法則という。

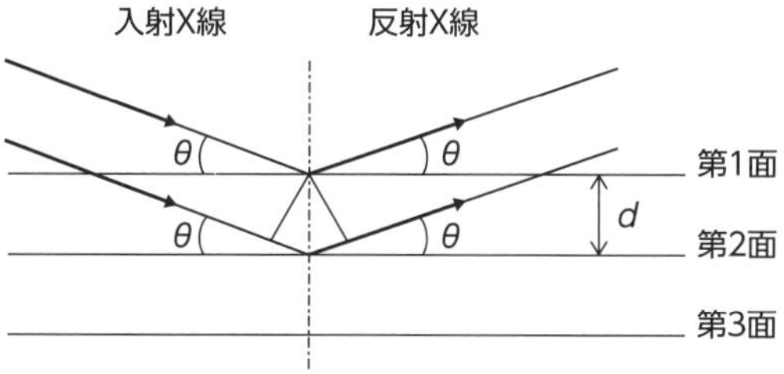

図7-10 ブラッグの法則

格子面は、単位格子の固有の格子定数（各辺の長さとそれらが作る角度）を使って計算されるミラーの面指数（ミラー指数）によって（h k l）のように表現することができる。ここでhはx軸に、kはy軸に、lはz軸にそれぞれ対応している。ある格子面が各軸とそれぞれ、a/h、b/k、c/l で交わる場合に、その面は（h k l）面と呼ばれる。このときh、k、lは最小の整数比で表す。また、隣り合う2つの格子面の距離を面間隔といい、d_{hkl}で表され、ミラーの面指数と次のような関係がある。

(100)面や、(110)面など、ミラー指数にゼロを含む場合がある。これらは、対応するx軸やy軸の切片の値が∞であることになる。つまり、その面はその軸と交差せず、平行な面であることを意味する。例えば(110) 面はz軸に平行な面であり、(010)面はx軸とz軸の両方に平行な面（点(0, 1, 0)においてy軸に垂直に交わる面）である。

また、ミラー指数がマイナスの値を示すことがある。例えばある格子面のx、y、z軸との各切片の値 が1、-1、1 であったとすると、ミラー指数は(1 -1 1)となる。ふつう、マイナスの数値は符号でなく、数値の上にバーを付けて表記

する。この例では、$(1\bar{1}1)$ と示す。また、ブラッグの法則から次の表のように各結晶系の面間隔を導くことができる。

表7-5　いくつかの結晶系の面間隔とミラーの面指数の関係

1. 単斜晶系

$$d_{hkl} = \frac{\sin\beta}{\left(\frac{h^2}{a^2} + \frac{k^2}{b^2}(\sin\beta)^2 + \frac{l^2}{c^2} - \frac{2hl}{ac}\cos\beta\right)^{\frac{1}{2}}}$$

2. 斜方晶系

$$d_{hkl} = \frac{1}{\left(\frac{h^2}{a^2} + \frac{k^2}{b^2} + \frac{l^2}{c^2}\right)^{\frac{1}{2}}}$$

3. 正方晶系

$$d_{hkl} = \frac{a}{\left(h^2 + k^2 + \left(\frac{a}{c}\right)^2 l^2\right)^{\frac{1}{2}}}$$

4. 立方晶系

$$d_{hkl} = \frac{a}{(h^2 + k^2 + l^2)^{\frac{1}{2}}}$$

5. 六方晶系

$$d_{hkl} = \frac{a}{\left(\frac{4}{3}(h^2 + hk + k^2) + \left(\frac{a}{c}\right)^2 l^2\right)^{\frac{1}{2}}}$$

例題 7-4

格子定数がa、b、cの単位格子を持つ結晶で、(1) 図の左に示されるようにある格子面がx軸ではa、y軸ではb/2、z軸ではc/3で交わる場合、(2) 図の右に示される別の格子面におけるミラーの面指数はそれぞれどうなるか。

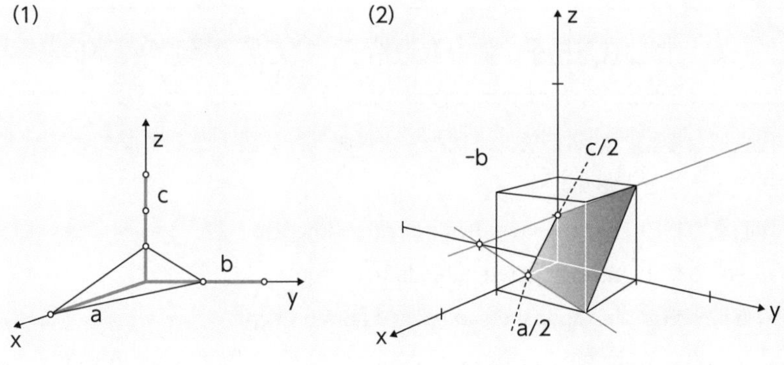

図7-11

解答

格子面は、図の三角の示す切片で各座標軸と交わっている。

①の格子面は(123)と表され、②は$(2\bar{1}2)$のように、切片が負になる場合は上にバーをつけて表される。

例題7-5

立方晶系で、ミラーの面指数によって(100),(110),(111),(200),$(\bar{1}00)$,(113)で示される格子面を図示せよ。

解答

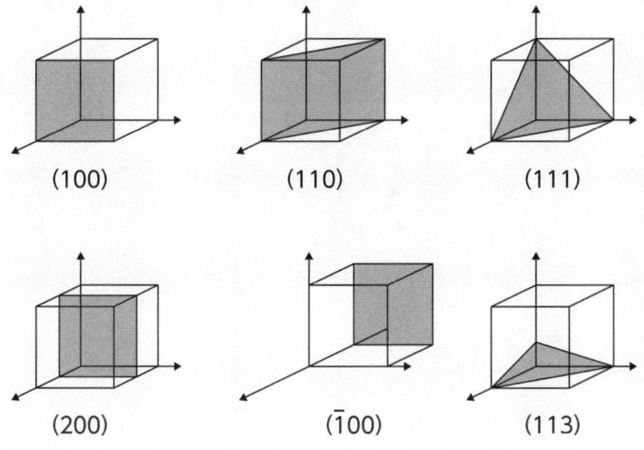

図7-12　例題7-12解答

7-4　体心立方格子、面心立方格子、六方最密構造の基本的な性質

代表的な金属の結晶格子には次の3つがあり、英語名からアルファベット3文字で表すことも多い。

・体心立方格子（body-centered cubic lattice：bcc）
・面心立方格子（face-centered cubic lattice：fcc）
・六方最密構造（hexagonal close-packed lattice：hcp）

結晶においては、結晶格子の対称性が高いほど、配位数（最近接の原子あるいはイオンの数）が大きいほど結合エネルギーが高くなり安定化する。また、決められた空間にできるだけ多くの原子が配位し、隙間をできるだけ最小にする、すなわち最大にパッキングされた状態（**最密充填**）で安定化する。あらゆる結晶構造の中で、最も充填率の高いのが**六方最密構造**と、**立方最密構造**である。立方最密構造は、面心立方格子の最密状態を示す言葉であり、面心立方格子と同じ意味で使ってもよい。

例題 7-6

体心立方格子の構造を図示し、配位数と充填率を求めよ。

解答

結晶構造において、**配位数**は最近接の原子あるいはイオンの数なので、中心の原子に注目すると、体心立方格子では8となる。また、原子がどれだけの体積割合を占めているのかを表す値を**充填率**という。原子を変形しない完全な球体と仮定して、体心立方格子の充填率を求める。

$$充填率\,[\%] = \frac{原子1個の体積 \times 格子内原子数}{単位格子の体積} \times 100$$

単位格子一辺の長さをl、原子半径をrとしたとき、体心立方格子における、原子半径は$r = \frac{\sqrt{3}l}{4}$の関係があり、また格子内原子数は$\frac{1}{8} \times 8 + 1 = 2$(個)なので、充填率は次のようになる。

$$\frac{\frac{4}{3}\pi r^3 \times 2}{l^3} \times 100 = \frac{\frac{4}{3}\pi\left(\frac{\sqrt{3}}{4}\right)^3 \times 2}{l^3} \times 100 = \frac{\sqrt{3}}{8}\pi \times 100 \fallingdotseq 68\%$$

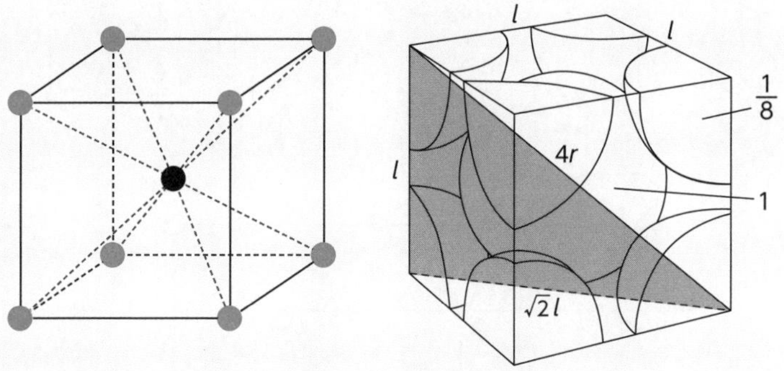

図7-13　体心立方格子の構造

例題7-7

面心立方格子および六方最密構造の配位数がどちらも12であること、またその充填率が同じであることを図解しながら計算して求めよ。

解答

例題7-6と同様に、面心立方格子、六方最密構造それぞれの充填率を求める。

面心立方格子の配位数を考える場合には、二つの単位格子を横につなげて、中心となる原子に注目すると求めることができる。図で色を付けたものが最近接の原子であり、その数が12個あることから配位数は12となる。

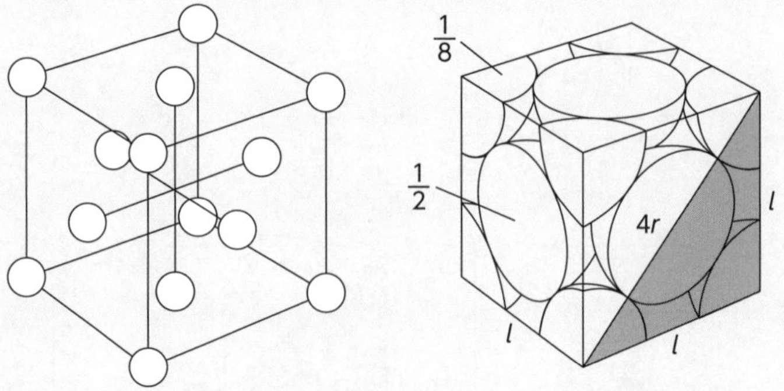

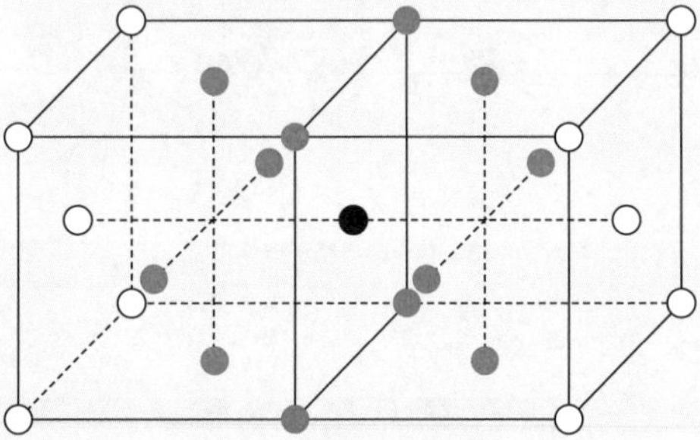

図7-14　面心立方格子を連結した図

また、面心立方格子を図7-15の左で示すA層、B層、C層を下から積み上げたものとして右のように表すと、B層の真ん中の原子に最近接する原子の数から、配位数を12と得ることもできる。

次に、充填率を原子半径と単位格子の長さから求める。面心立方格子の場合では、原子半径は$r = \frac{\sqrt{2}l}{4}$、格子内原子数は$\frac{1}{8} \times 8 + \frac{1}{2} \times 6 = 4$(個)なので、充填率は次のようになる。

$$\frac{\frac{4}{3}\pi r^3 \times 4}{l^3} \times 100 = \frac{\frac{4}{3}\pi \left(\frac{\sqrt{2}}{4}\right)^3 \times 4}{l^3} \times 100 = \frac{\sqrt{2}}{6}\pi \times 100 \fallingdotseq 74\%$$

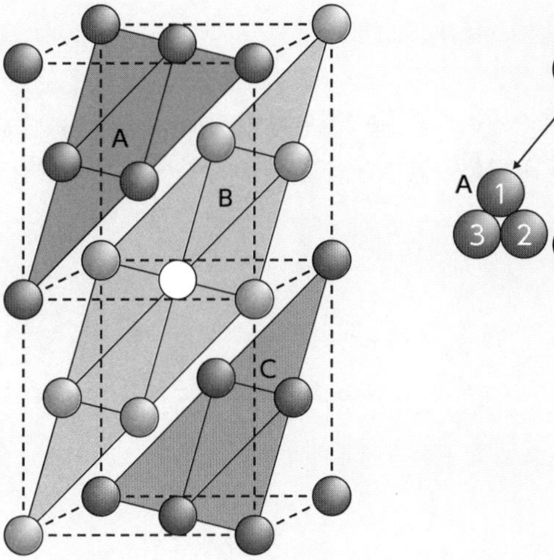

図7-15　面心立方格子の配位数の数え方

・六方最密構造

配位数は二つつなげて考えるとわかりやすい。六角形の中心原子に注目すると、最近接する原子の数から配位数は12を得る。また、底辺がひし形の単位格子中の原子数は$\frac{1}{12}\times 4+\frac{1}{6}\times 4+1=2$（個）である。

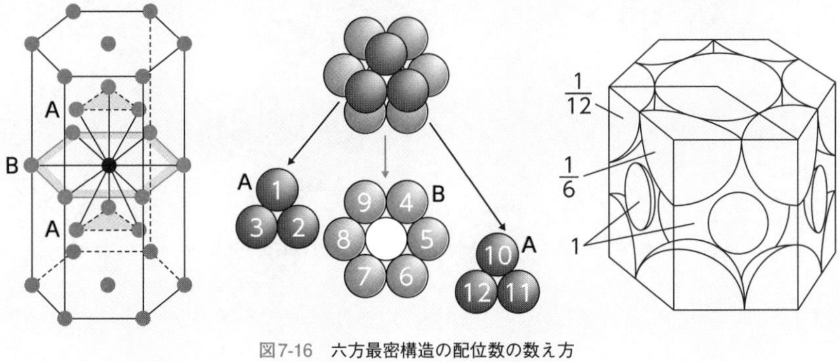

図7-16　六方最密構造の配位数の数え方

六方最密構造で充填率を求めるために、まず六角柱の体積を考える。底面である正六角形の面積と高さとの積で求めることができる。六角柱の底面積は、一辺が$2r$の正六角形6個分に相当するので、次のようになる。

六角柱の底面積$\frac{1}{2}\times(2r)^2\times\sin 60^\circ$

次に、六角柱の高さを求める。図の色の濃い球の中心を結ぶと、一辺が$2r$の正四面体になり、その正四面体の高さhの2倍が六角柱の高さに相当し、図のように

$$h=\frac{2\sqrt{6}}{3}$$

また、六方最密構造の1/3である単位格子中に含まれる原子の数が2個のため六方最密構造全体に含まれる原子の数は6となり、充填率は次のように求められる。

$$\frac{\frac{4}{3}\pi r^3\times 6}{6\sqrt{3}r^2\times\frac{4\sqrt{6}}{3}r}\times 100=\frac{\sqrt{2}}{6}\pi\times 100\fallingdotseq 74\%$$

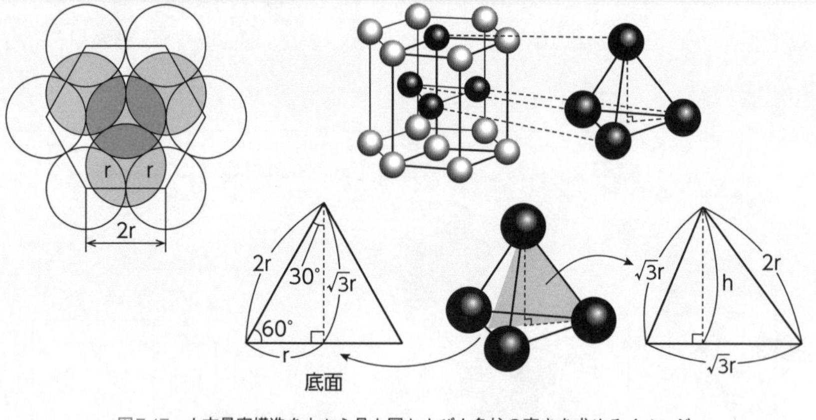

図7-17　六方最密構造を上から見た図および六角柱の高さを求めるイメージ

参考文献

SandraE. Dann (著)、田中 勝久 (翻訳)、「固体化学の基礎 (チュートリアル化学シリーズ)」化学同人 (2003)

平尾 一之・田中 勝久・中平 敦著、「無機化学—その現代的アプローチ」東京化学同人 (2002)

村石治人著、「新版　基礎固体化学」三共出版 (2016)

竹内伸、枝川圭一、蔡安邦、木村薫著、「準結晶の物理」、朝倉書店(2012)

KEK ニュースルーム『準結晶』の発見　2011年ノーベル化学賞解説　2011年12月08日

https://www.kek.jp/ja/newsroom/2011/12/08/1200/

固体に関する用語については、以下のサイトにまとまっている。

バンド計算関連用語集　http://www.bandstructure.jp/INTRO/yogo.html

COLUMN

天然ダイヤモンドと人工ダイヤモンド

ダイヤモンドの用途は宝飾用だけでなく精密切削用バイト、医療用ナイフ、ヒートシンクや各種窓剤などの広い範囲で利用されている。近年ではホウ素ドープによって超電導を示すこともわかっており、半導体としての電子デバイスへの応用も始まっている。天然のダイヤモンドは地球の地下150 km以上の深さのマントル内で何億年規模の長い時間をかけて生成されたと考えられている。ダイヤモンドが安定に生成する高温高圧の条件として1100℃以上、４万５千気圧が必要である。大きなダイヤモンドにおいては地下500 km以上で形成されたと考えられる。ダイヤモンドは、地下深部と地上につながるキンバーライドというマグマのパイプを通じて地上に高速に吐き出されたと考えられている。すでに工業用のダイヤモンドの多くと宝飾用のダイヤモンドの一部が人工的に合成されている。化学的には全く同じ物質であり、遜色はない。数日から数週間という短時間で合成が可能である。HPHT（高温高圧）法では約1500℃、5～6万気圧ほどの反応容器の中で核生成成長によってダイヤモンドを得ることができる。温度の低い種結晶上に高圧下にした反応容器内で高温にした炭素源からダイヤモンドを成長させる温度差法を用いると宝石品質のダイヤモンドが得られる。1ct（1ct=0.20g）以上のものも製造可能になっていてロシアでは15ctのものが製造されている。一方、CVD（化学気相成長）法では、高温低圧下でメタンガスなどを炭素源とし、マイクロ波プラズマの下で水素原子の助けを得ながら、種結晶ダイヤモンドの結晶の上に炭素原子を成長させてダイヤモンドを得ることができる。5ctを超える高品質のものもCVD法で作られている。2018年時点で、ダイヤモンドはHPHT合成とCVD合成をあわせ、500–700万ctが生産されたと見積もられている。今後も中国産を中心に人工ダイヤモンドが市場に大きく出回ることになる。

第8章

相図

本章で学ぶ内容

1. 相変化のしくみ
2. 合金の相図

　金属や合金は我々の生活や社会で多く利用されている。本章ではそれらの状態を理解するのに重要な相図（相平衡状態図）の概念とその読み方について理解を深める。相図の理解は、温度、圧力そして組成によって材料の組織制御ができること、すなわち材料の特性制御ができることの理解に大変有効である。

CHAPTER 8

8-1　相変化のしくみ

8-1-1　相の変化

第7章では、固体は同一な化学組成を持っていても、微小な不規則箇所や原子欠損箇所を含めた内部の組織が、その物質の性質に影響を及ぼすことを紹介した。このような内部組織（または材料組織）と物性の関係は、その組織が形成される過程に依存している。

相とは化学的、物理的に均一な物質の部分を示す。相変化とは気体、液体、固体のように状態が変化することのほかに、結晶などの構造や状態が変化することも含める。状態変化と構造の変化を区別するために、後者を相変態や相転移ということがある。

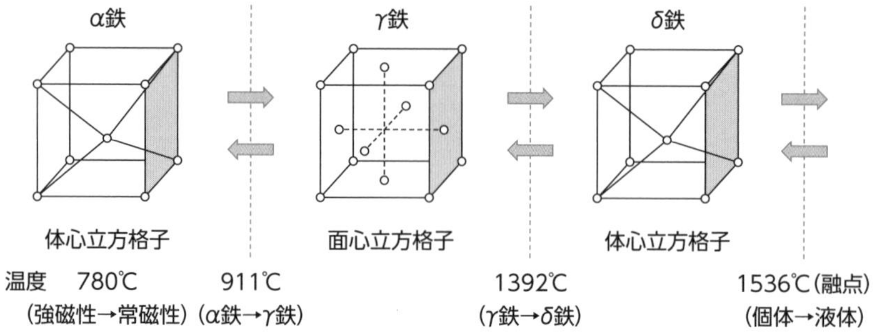

図8-1　純鉄の温度による変態

第1章の水の状態変化の図で示したように成分（組成）が一定のとき、圧力と温度が分かればその状態が分かる。また、元素や化合物によっては温度や圧力によって固体内の原子配列（すなわち結晶構造）が変化するものがある。その際、物性の変化も伴う。下の図に示すように純鉄の温度による変態を示した。常温では体心立方結晶構造で α 鉄（フェライト）と呼ばれる。この α 鉄は911℃までは安定で、それより高温では面心立方結晶構造の γ 鉄（オーステナイト）と呼ばれる。γ 鉄は1392℃までは安定で、それ以上の温度から融点1535℃までは、再び体心立方結晶構造の δ 鉄に変化する。α 鉄は780℃において強磁性体から常磁性体になり、磁力が失われる。このときは原子の中の電子状態だけが変わるので磁気変態とも呼ばれている。

8-1-2　相図の表し方

図8-2の3つの軸が示すように、示強変数（温度、圧力、濃度（組成ともいう））が相を決定する因子となる。

第6章で、相の数を変えずに自由に変化させることが出来る示強変数（温度、圧力、濃度）の数を自由度(f)といい、成分数をC、相の数をPとしたとき、f＝C＋2－Pの式で示されるギブズの相律について学んだ。ここでも再度、解説する。例えば、1成分系の自由度は1相ならf＝2、2相ならf＝1、3相ならf＝0（三重点）となり、2成分1相なら自由度f＝3となる。

1成分の状態図は温度-圧力（①）で示すことができ、2成分の状態図は組成-温度（②）または組成-圧力（③）で示すことができる。

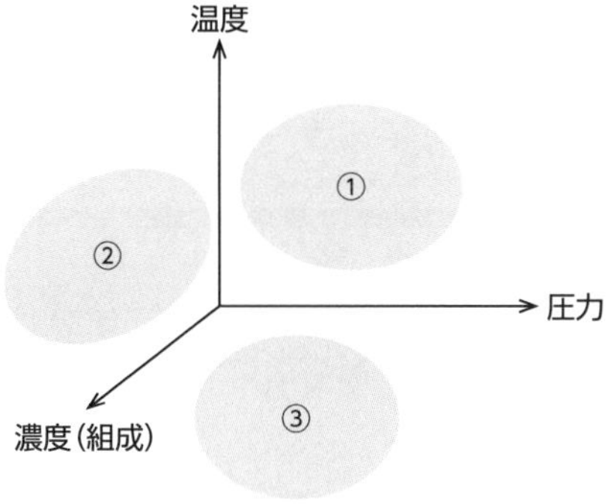

図8-2　相を決定する因子

図8-3にはAとBの二成分系における状態図を示している。上の線が液相線、下の線が気相線である。図の左端では成分Aが100%で右端では成分Bが100%であることを示している。左に示す圧力-組成図では（ある一定の温度で）圧力を変化させたときの液相と気相における各成分の組成を知ることができる。右に示す温度-組成図では（ある一定の圧力で）、温度を変化させたときの液相と気相の各成分の組成を知ることができる。ここでは上が気相線、下が液相線である。これらの図の気相線と液相線の間は気相と液相の両方が共存することと、この2線に囲まれた領域では、特定の温度または圧力におけるAとBの組成を

得ることができる。

右の図のO点では、成分Bのモル分率がX_2である。このモル分率のとき、温度を下げていくと、T_1で液化が始まりT_3で完全に液化する。

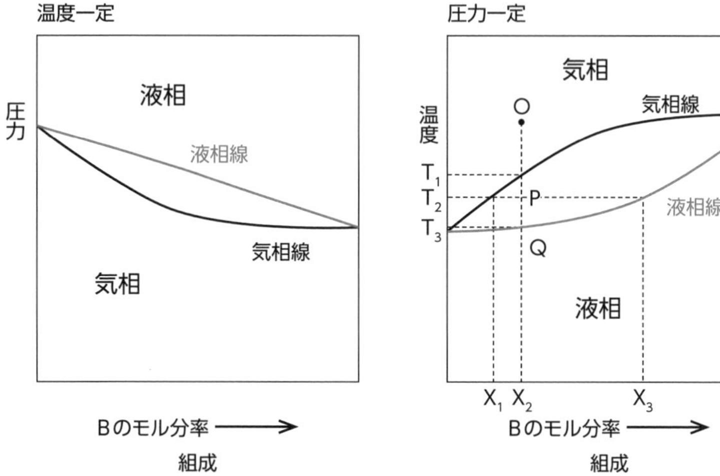

図8-3　二成分系の圧力―組成図と温度―組成図の見方

例題8-1

2成分系の状態図の例を、温度-組成図についてひとつ示し、どのように活用できるか説明せよ。

解答

図に二硫化炭素CS_2-ベンゼンC_6H_6二成分系の1atmにおける相図(温度-組成図)を示す。この相図から、蒸留を繰り返したとき、どちらかの成分の純物質に近づけること、つまり互いの分離に活用できることが理解できる。

例えば、ベンゼンを多く含む溶液（組成X_aの溶液）の温度を上げていくと、A点で沸騰し、その蒸気成分は点A'が示すようにベンゼンはX_bとなる（その分CS_2の濃度が高くなっている)。さらにその蒸気を冷却して得た溶液を再度加熱すると、B点で沸騰し、蒸気成分はB'となる。その蒸気をさらに冷却して再度加熱する、これを繰り返すと最終的にベンゼンの組成は0に近づき、ほとんど純粋なCS_2にすることができる。このような混合物の分離を**分留**という。

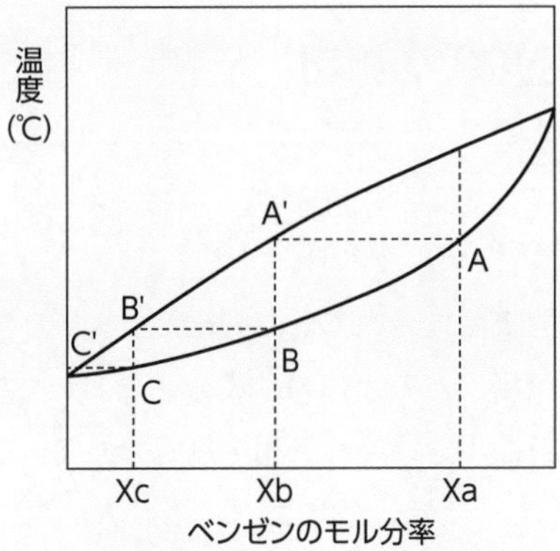

図8-4 二硫化炭素CS_2-ベンゼンC_6H_6二成分系の一定圧力における温度-組成図

上の場合と異なって、温度-組成図や圧力-組成図において、極小点や極大点を有するケースもある。この点を**共沸点**という。この点で気相線と液相線が交わっており、蒸留によって分けることができない。この点での混合物の組成比は外圧を加えない限り変わらない。

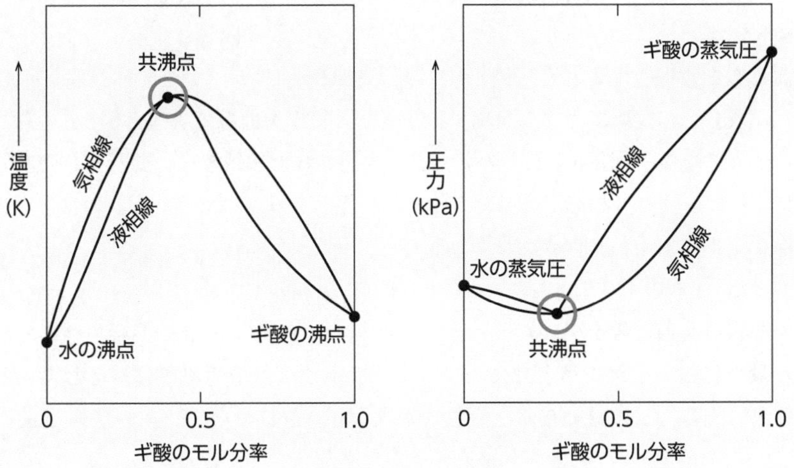

図8-5 共沸点を示す二成分系（水とギ酸）の相図の例

8-2 合金（固体）の相図

8-2-1 相図とギブズ自由エネルギー

相に関する熱力学的議論については、第6章を参照のこと。ここでは合金の相図を中心に扱う。金属などの固体の二成分系において、固相-液相平衡を考える場合、圧力の影響は小さいため気相を無視できる。よって相図（相平衡状態図）としては、圧力を一定にした温度—組成図で示すことがほとんどである。一成分系、二成分系における相平衡のイメージをそのギブズのエネルギーと温度の関係で図8-6に示した。Lは液相を、Ⅰ、Ⅱ、α、βは各相を示す。二成分系合金の共晶型の平衡状態図に相当する（図8-7参照）。

相変態が起こるのは、その条件下で合金の最初の状態が、最終状態に比べて不安定だからであり、その安定性はギブズ自由エネルギーによって定義される。

すでに学んだように、一成分系（成分Aとする）の相Ⅰと相Ⅱの平衡の成り立つ点（変態点）では両相のギブズ自由エネルギー$G^{\mathrm{I}}{}_{A}$と$G^{\mathrm{II}}{}_{A}$は交差し、$G^{\mathrm{I}}{}_{A} = G^{\mathrm{II}}{}_{A}$が成立する。言い換えると相平衡の成立しているとき、相Ⅰから相Ⅱに変化する分子数と、相Ⅱから相Ⅰに変化する分子数は同じとなる。つまり、平衡にある各相の化学ポテンシャルは等しくなる。

二成分系についてギブズ自由エネルギーと組成を曲線で表すと図8-6の右下のようになる。図8-6の右上の$\alpha + \beta$と表記された領域では、それぞれの成分によってα相とβ相を形成した二相混合状態となっていてそれぞれの化学ポテンシャルがα相とβ相で等しくなる

また、α相のギブズ自由エネルギー（G^{α}）とβ相のギブズ自由エネルギー（G^{β}）の曲線の共通接線を引いたそれぞれの点（極小点）がαとβの混合状態における最小自由エネルギーとなる。よって、横軸接点が平衡組成に対応していることになる。この共通接線と縦軸の接点が各成分において、左の縦軸で$\mu^{\alpha}_{A} = \mu^{\beta}_{A}$、右の縦軸$\mu^{\alpha}_{B} = \mu^{\beta}_{B}$となり平衡の条件を満たしていることがわかる。これらのように組成—ギブズ自由エネルギー曲線上にみられる関係を、二成分系の**共通接線則**といい、α, βの組成はテコの原理から求まる。

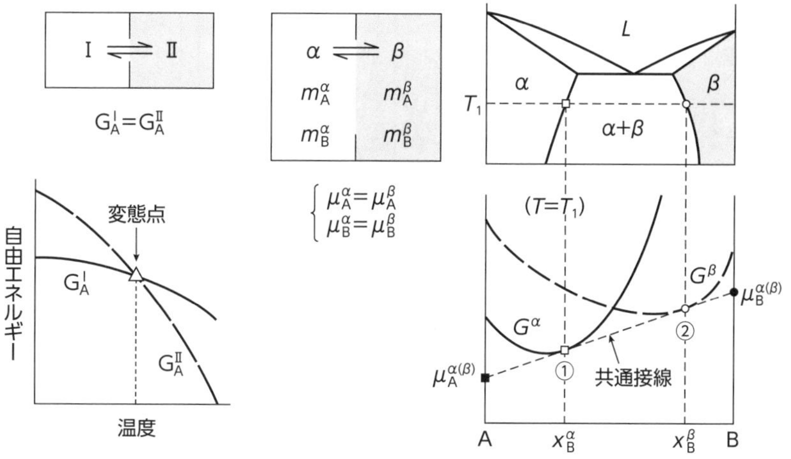

図8-6　一成分A（左）および二成分AとBの相平衡のイメージ

8-2-2　基本的な二成分系の相平衡状態図

合金の相平衡状態図の多くは次の図に示される4種類の組み合わせである。

（1）全率（完全）固溶型は、固相の全組成範囲において原子が互いに混合して固溶体を作る合金の状態図である。液相線と固相線に囲まれた領域では液体と固相 α が共存した状態であり、また固相線から下の α の部分が固溶体で、固相で完全に溶け合った状態である。

（2）共晶型および（3）包晶型は、構成成分それぞれの結晶構造が異なる場合に起きやすく、全組成範囲では固溶体を作らずに、固相が分離する場合の状態図である。

（4）偏晶型は、二液相分離型とも呼ばれ、互いの成分の親和性が低い場合に起きやすく、液相においても組成の異なる L_1 と L_2 に分離する場合の状態図である。

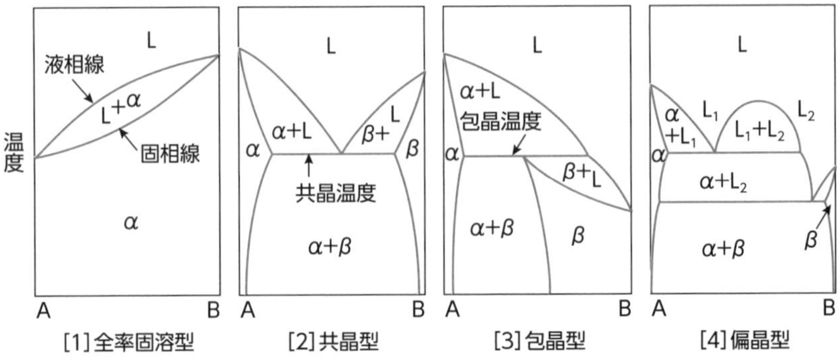

図8-7　基本的な二成分系の相平衡状態図

8-2-3　二相共存領域における相の割合および組成の求め方（テコの法則）

二成分系で、二相が共存する領域における組成の求め方はテコの法則を用いると便利である。平衡状態の凝固（液体→固体）では液相は液相線に沿って、固相は固相線に沿って組成変化する。よって固相と液相の割合および組成はテコの法則にしたがう。

各相の重量比率は液体の重量をW_L、固溶体αの重量をW_αとするとW_L：W_αとなる。それぞれの値は図に示したテコの原理に従った比例計算となる。

$$W_L = \frac{S}{R+S} = \frac{C_\alpha - C_0}{C_\alpha - C_L} \quad W_\alpha = \frac{S}{R+S} = \frac{C_0 - C_L}{C_\alpha - C_L}$$

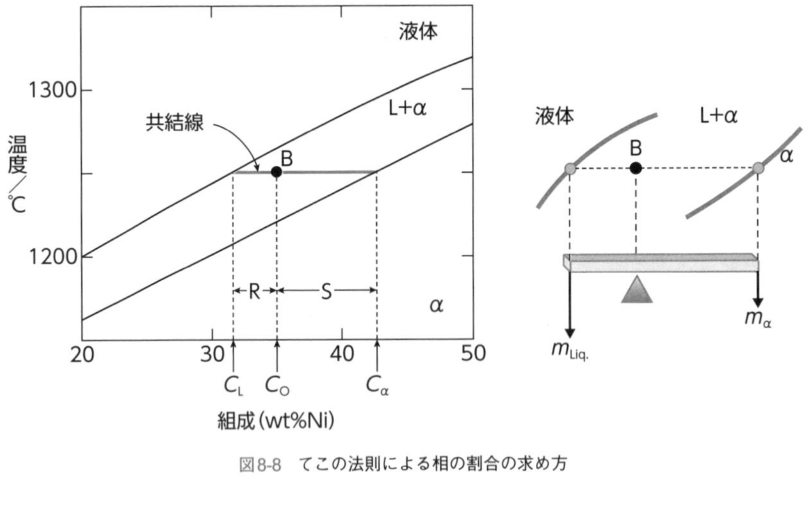

図8-8　てこの法則による相の割合の求め方

例題8-2

次の図に示した完全固溶型の相平衡状態図において、点a、点b、点cで示される各物体の状態を説明し、さらにc点の固溶体と液体の重量比を求めよ。さらにその固溶体と液体の組成をそれぞれ物質AとBの組成比で示せ。ただし図中の記号を使うこと。また、点cから物質の温度を上下させると生じる変化について説明を加えよ。

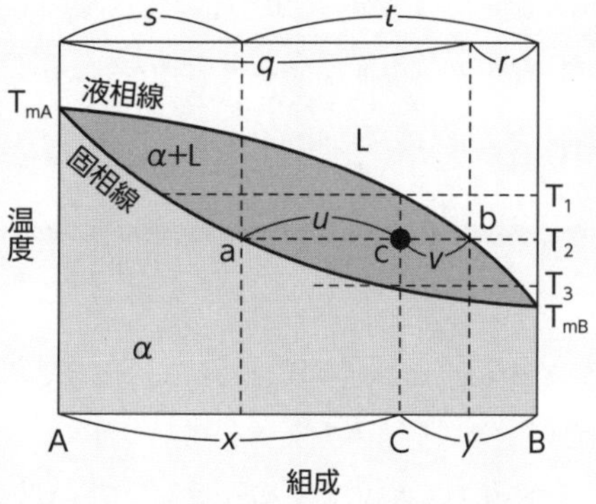

図8-9　全率（完全）固溶型の相平衡状態図

解答

この図において、線分abは点c（黒丸点）の共結線（タイライン）であり、点aは固相線と交わる点、点bは液相線と交わる点である。

点a：この点で示される物質の状態は、温度T_2おける固相線上の点なので固溶体αのみとなる。この点の固溶体に含まれる物質AとBの成分比は、線分abを縦方向に延長したときに、それぞれの延長線が横軸と交わる点の距離の比を求めれば良い。点aにおける固溶体に含まれる組成比は$t:s$となる。

点b：この点で示される物質の状態は、温度T_2における液相線上の点なので、液相のみとなる。上記と同様に点bを縦方向に延長し、横軸と交わる距離を読めばよい。液相に含まれる物質AとBの組成比は$r:q$となる。

点c（黒丸点）：この点は、固体状態（固溶体）でもともとC点で示される組成であった物質が温度T_2に置かれたことを示している。点c（黒丸）は、液相線と固相線に囲まれた$\alpha+$Lの領域内にあるので固溶体αと液相の2相状態である。この点における固溶体と液相の重量比はテコの原理よりv : uとなる。

この点cでは、固溶体および液相の双方を含むためそれぞれについて求めなければならない。これは上記で示した点aの固溶体組成t : sおよび、液相組成r : qと同じになる。

物質は、液相線より下ではαの領域となり、固溶体だけとなる。例えばその組成cで示される範囲ではその固溶体の組成は物質AとBの比で表すと、y : xとなる。また、温度T_1より上の温度では完全に液相となる。温度T_1より低い温度で固溶体が析出し始める。温度T_1からT_2の間では、固溶体と液相の両方が存在する。それぞれの組成は上記のとおりである。温度T_3以下では固溶体1相のみになる。

例題8-3

次の図に示した共晶の相平衡状態図において、点①で示された温度T_3における物質の状態、組成について図中の記号を用いて示せ。A + Bで表された領域の物質の状態および共晶点についても説明せよ。共晶点とは、D点で示される組成（共晶組成）の溶液を高温側から冷却していった際T_4で結晶Aと結晶Bが同時に析出する点のことである。

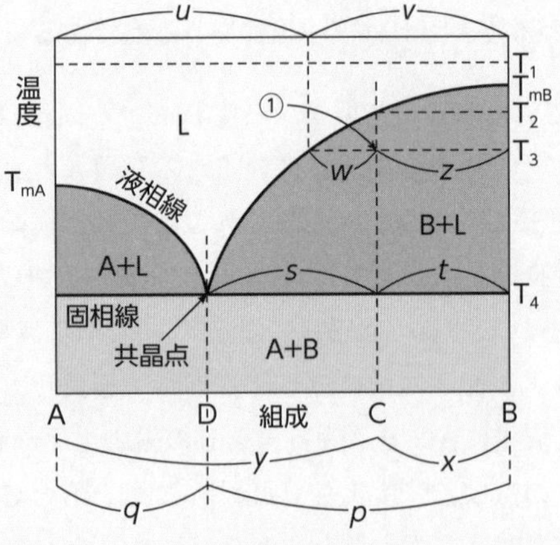

図8-10　共晶型の相平衡状態図

解答

点①：固体状態で組成がC点で示される物質が温度T_3におかれたことを示す。B+Lの領域にあるため、この点で物質は固体（結晶）Bと液相からなることがわかる。

①を通る水平な線を引くと、その線の左端は図右側の液相線（曲線）を切り、右端は右の縦軸（B軸）を切る。この水平線が①におけるタイライン（共結線）である。テコの法則により、液相と結晶Bの重量比はz : wとなる。固相の組成はBのみである。液相の組成はタイラインを上に延長して得られる上横軸との交点を読めばよく、液相中の成分Aと成分Bの比はv : uとなる。

（補足：組成C点で示される物質は、温度T_4でのみ結晶A、結晶B、液相の3相が共存でき、液相の組成はs：tである。）

A+Bの領域：T_4以下の温度で、物質はすべて固体のみとなる。その組成は横軸に示された通りとなる。例えばT_4以下の温度で、点Cまでの範囲では物質Aと物質Bの組成比はy：xとなる。

参考文献

ピーター. W. アトキンス著、千原 秀昭・中村 亘男訳「アトキンス物理化学（上）第6版」、東京化学同人（2001）

Sandra E. Dann 著、田中 勝久 訳、「固体化学の基礎 (チュートリアル化学シリーズ)」化学同人 (2003)

田中敏宏著「溶接接合教室 - 基礎を学ぶ - 第2章金属材料と溶接性、2-2合金と平衡状態図」、溶接学会誌、p.32-37、第77巻（2008）第6号

福味 幸平 著「いまさら聞けないガラス講座　相平衡状態図の読み方」NEW GLASS Vol.29.　No.113 (2014)

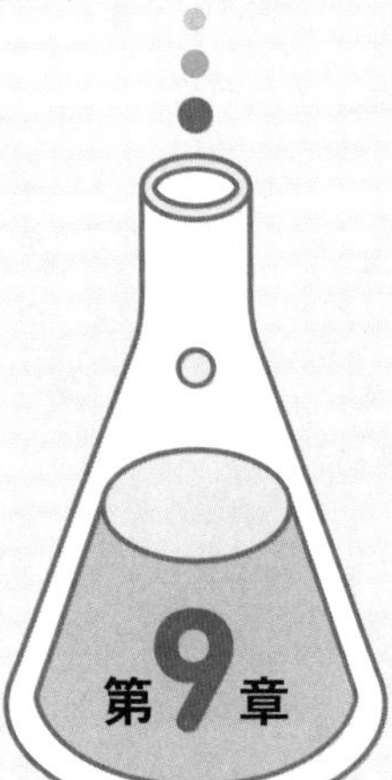

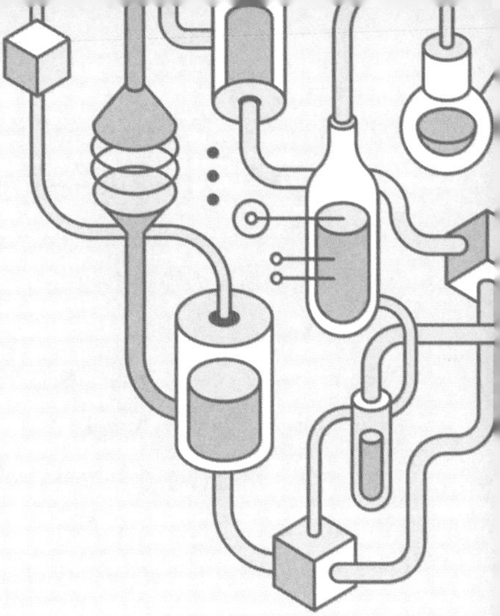

代表的な結晶構造

本章で学ぶ内容

1. 代表的な結晶構造の特徴
2. 格子欠陥
3. マーデルング定数

第7章と第8章で、結晶構造の基礎（ブラベ格子、格子定数、密度など）を学び、基本的な格子の形（体心立方格子、面心立方格子、六法最密充填）も学んだ。しかし、これらだけでは、まだ、全ての無機物質の結晶構造を理解するには、基礎となる構造の種類が不足している。本章では、無機物質の理解に必要な代表的な構造を紹介する。各構造の物性に関しては、第12、13章で解説する。物性に重大な影響を及ぼす格子欠陥についても解説を行う。また、最後に、結晶の格子エネルギーに大きく寄与するマーデルング定数についても解説を行う。

9-1　代表的な結晶構造の記述法

無機物質の構造を知る方法として、

- X線構造解析を行う
- データベースから、構造情報を得る

がある。最初のX線構造解析を行えば、必要な情報を得ることが出来るが、測定と解析にかなりの時間が必要となる。また、構造を知りたい物質の数が多ければ、全てを知るだけの時間の余裕がない場合もある。この方法は、新規の物質を合成した場合には有効であるが、既知の物質の構造を知る場合は、推奨される方法ではない。

既知の物質の構造を知るなら、2番目のデータベースを利用する方法をとるのがいい。構造データベースとして、有償のものも多く販売されているが、高価である。無償で利用できるものとしてアリゾナ大学が公開しているデータベース (http://rruff.geo.arizona.edu/AMS/amcsd.php) などがある。

結晶構造データベースは、決められたフォーマットでデータが登録されている。その一つに、国際結晶連合の定めたCIF (Crystallographic Information File) という形式がある。以下に、塩化ナトリウムのCIF (非常に長いデータなので抜粋) を示す。

```
data_global
_chemical_name_mineral 'Halite'；Haliteとは岩塩のことである。
loop_
_publ_author_name；報告された論文に関する情報
'Wang K'
（中略）
_chemical_formula_sum 'Na Cl'；結晶構造に関する情報
_chemical_formula_sum ''        ；格子定数などの情報が以下に記載されている
_cell_length_a 5.5937
_cell_length_b 5.5937
_cell_length_c 5.5937
```

_cell_angle_alpha 90

_cell_angle_beta 90

_cell_angle_gamma 90

_cell_volume 175.024

_exptl_crystal_density_diffrn　2.218

_symmetry_space_group_name_H-M 'F m 3 m'；空間群に関する情報

（中略）

_space_group_symop_operation_xyz；原子位置の情報が以下に記載

'x,y,z'

'x,1/2+y,1/2+z'

'1/2+x,y,1/2+z'

'1/2+x,1/2+y,z'

'z,-x,y'

（中略）

Na　0.00000　0.00000　0.00000；基本単位格子[注1]中のNa原子の分率座標

Cl　0.50000　0.50000　0.50000；基本単位格子中のCl原子の分率座標

CIFデータを、適当な描画ソフトで読み込めば、結晶構造を立体的に見ることが出来る。最近、よく使われる描画ソフトとしてVesta（K. Momma and F. Izumi, J. Appl. Crystallogr., 44, 1272-1276 (2011).）がある。Vestaはhttps://jp-minerals.org/vesta/jp/からダウンロードすることができる。図9-1はVestaによりNaClのCIFデータを読み込み描いた図である。NaClの構造は岩塩構造とよばれAXの形をとる。左の図は、ボールアンドスティックモデルとよばれ、いろいろな教科書でみる図である。分かりやすくするため、普段が描かない単位格子の外のClまで描いている。右の図はポリヘドラル（多面体）モデルで、陽イオンがいくつの陰イオンで囲まれているかが分かる。4個なら四面体に、6個なら八面体となる。囲んでいる陰イオンの数を配位数とよぶ。配位結合はしていないので、錯体の配位数とは異なる。混乱しないように注意が必要である。

図9-1では、A（Na）[注2]が八面体の中心にあり、X（Cl）が八面体の頂点にある。

注1　単位格子の取り方には自由度があり、様々な大きさでとることが出来る。単位格子の中で最小体積のものを基本単位格子という。また、基本単位格子を与えるベクトルを基本並進ベクトル（基本単位格子ベクトル）という。

注2　() 内の元素は例である。以降も同様である。

AとXを入れ替えても、この図は成り立つ。つまり、Aだけの格子と、Xだけの格子は、同じ形であることがよく分かると思う。

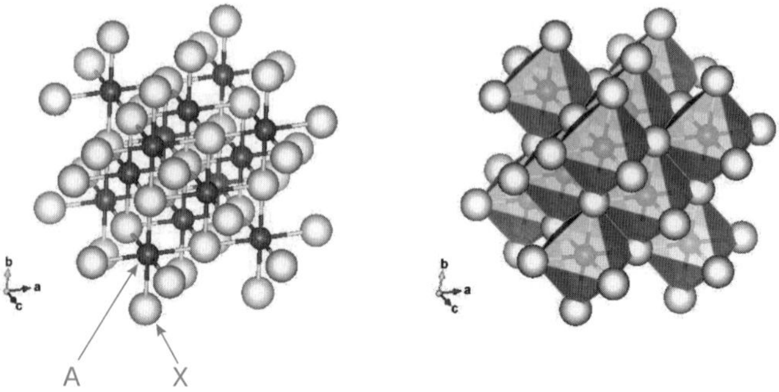

図9-1　NaClの結晶構造

例題9-1

結晶構造を学ぶには、様々な角度から結晶を見ることも大切な勉強である。テキストの形では、一方向からしか構造を見ることが出来ない。図9-1から図9-13のカラー画像が、技術評論社のサイト（gihyo.jp）にある本書のサポートページからダウンロードできるようになっている。また、結晶構造のCIFデータはAmerican Mineralogist Crystal Structure Database（AMCSD）から検索やダウンロードができる。これらのデータを用いて、結晶構造を描画し、各構造の特徴を自分なりにまとめてみよ。描画ソフトとして、紹介したVESTAに限らず、様々なソフトがフリーで配布されている。

解答

次ページからの解説を参照のこと。

CHAPTER 9

9-2　代表的な結晶構造

代表的な結晶構造を、先に紹介したVestaによって作成した図9-2から図9-13までの画像と共に紹介する。

9-2-1　閃亜鉛鉱構造

閃亜鉛鉱構造この構造はAXという形をとる（図9-2）。Aは四面体の中心に位置し、四面体の頂点にXが位置する。閃亜鉛鉱構造をとる代表的な物質はZnSである。四面体の中心にZnが、四面体の頂点にSが位置している。ZnSは安定な立方晶である閃亜鉛鉱として産出されるが、六方晶であるウルツ鉱（図9-3）としても産出される。ウルツ鉱構造も、閃亜鉛鉱構造と同じくAXの形で、四面体の中心にA（Zn）が、四面体の頂点にX（S）が位置している。一つの物質が、いろいろな結晶系を持つことが分かると思う。

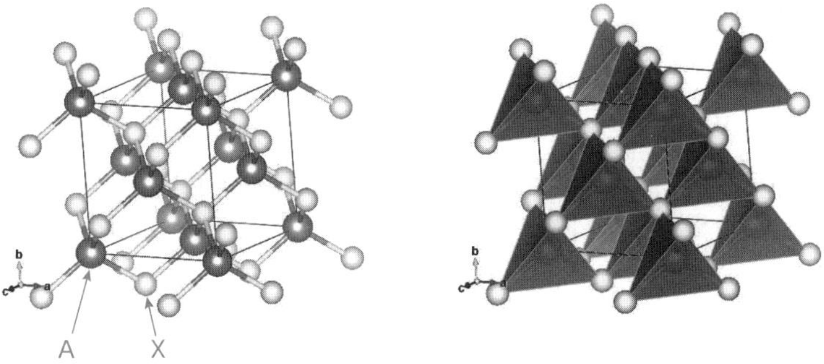

図9-2　閃亜鉛鉱構造

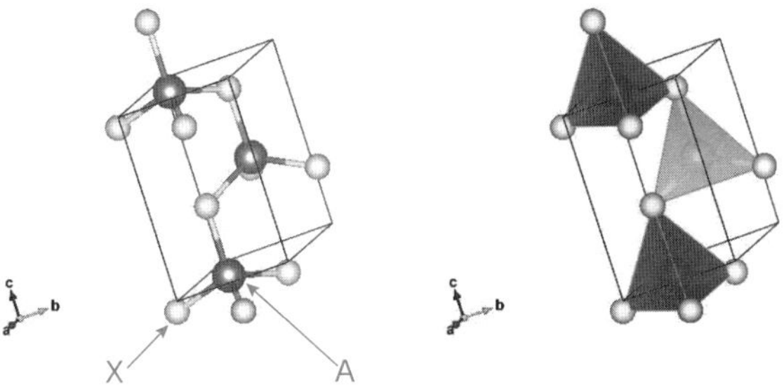

図9-3　ウルツ鉱構造

また、閃亜鉛鉱構造において、AとXの両方の位置に同じ元素が入ったものを「ダイヤモンド構造」とよぶ。

9-2-2　蛍石構造と逆蛍石構造

蛍石構造はAX_2という形をとり、代表的な物質はCaF_2である。この構造で陽イオンと陰イオンの位置が入れ替わった構造（A_2X）が逆蛍石構造である。Na_2Oは逆蛍石構造をとる代表的な物質である。図9-4を見て頂きたい。六面体の中心に、蛍石構造ならA（Ca）が、逆蛍石構造ならX（O）が位置し、六面体の頂点にはX（F）もしくはA（Na）が位置する。

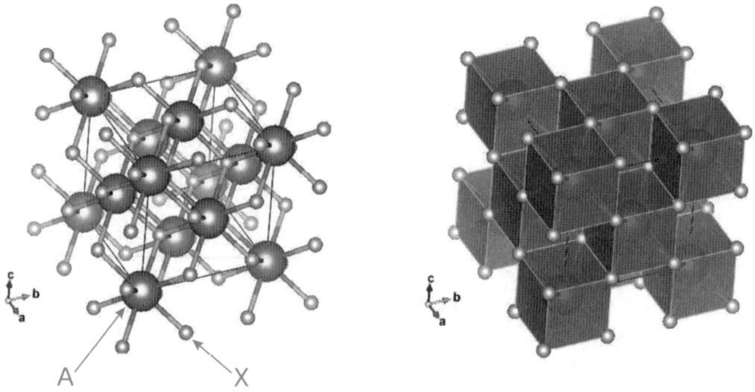

図9-4　蛍石構造

9-2-3　塩化セシウム構造

塩化セシウム構造はAXの形をとり、代表的な物質はCsClである。この構造（図9-5）は、典型的な体心立方格子であり、六面体の中心にA（Cs）が、頂点にX（Cl）が位置している。蛍石構造との違いは、六面体の重なり方にある。

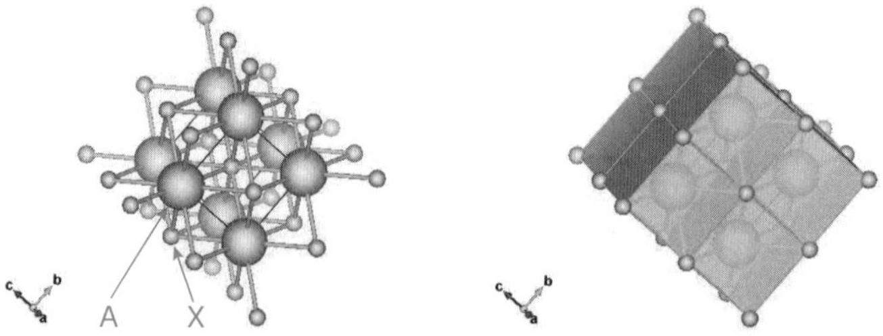

図9-5　塩化セシウム構造

9-2-4　ルチル構造

ルチル構造（図9-6）はAX_2の形をとり、代表的な物質はTiO_2である。図9-6において、八面体の中心にA（Ti）が、頂点にX（O）が位置している。TiO_2には、ルチル構造以外にアナターゼ構造（AX_2、図9-7）がある。光触媒として活性が高いのは、アナターゼ構造だと言われている。ルチル構造は顔料（白色）に用いられる。光触媒については、第15章で、詳しく説明する。

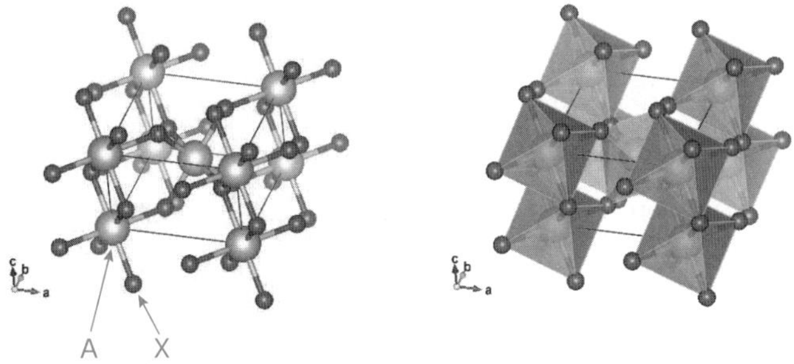

図9-6　ルチル構造

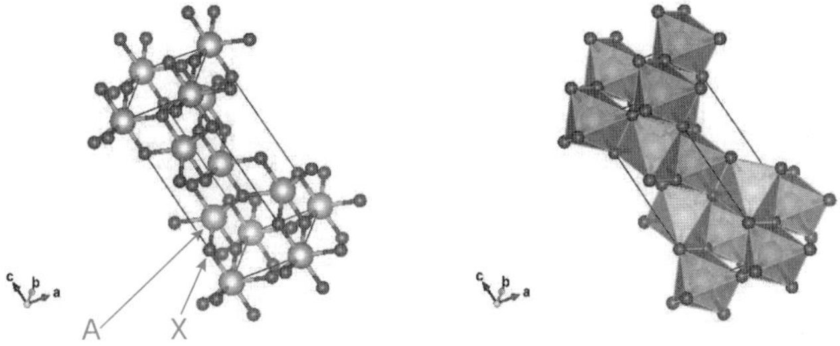

図9-7　アナターゼ構造

9-2-5　ペロブスカイト構造

ペロブスカイト構造（図9-8）はABX_3の形をとり、代表的な物質は$CaTiO_3$である。図9-8にあるようにA（Ti）を中心にその周りをB（Ca）が囲む構造となっている。誘電体や超電導物質の多くが、ペロブスカイト構造をとることが知られている。

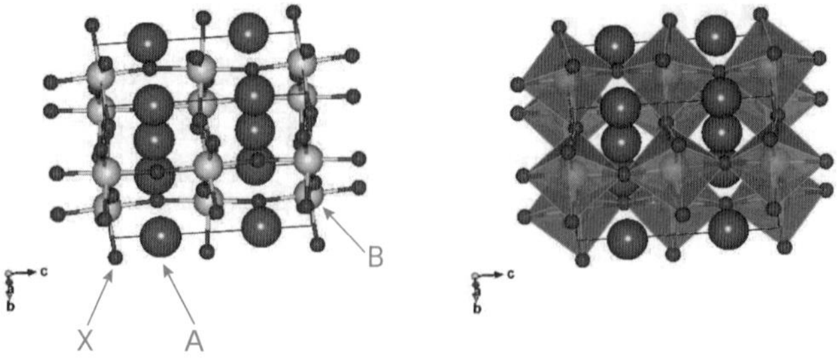

図9-8　ペロブスカイト構造

9-2-6　スピネル構造

スピネル構造（図9-9）はAB_2X_4の形をとり、代表的な物質は$MgAl_2O_4$である。図9-9にあるように、四面体の中心にA（Mg）が、八面体の中心にB（Al）が主に位置し、四面体と八面体の頂点にX（O）が位置している。Aの位置にBが入ったり、この逆となることもある。レッドスピネルのように宝石として扱われるものもある。スピネル構造をとる物質は、電子材料として用いられることも多い。

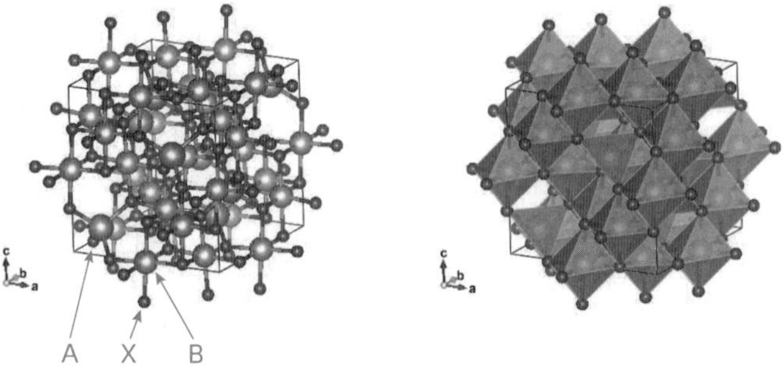

図9-9　スピネル構造

9-2-7　オリビン構造

オリビン構造（図9-10）はA_2BX_4の形で、代表的な物質はCo_2SiO_4やMg_2SiO_4である。図9-10は$Mg(Fe)_2AlO_4$である。A（Mg）では、一部がFeに置換され骨格を作り、その骨格の中にB（Si）を中心に持つ四面体が入り込んでいる形となっている。オリビン構造の物質は、Liイオン電池の正極材料として注目されている。

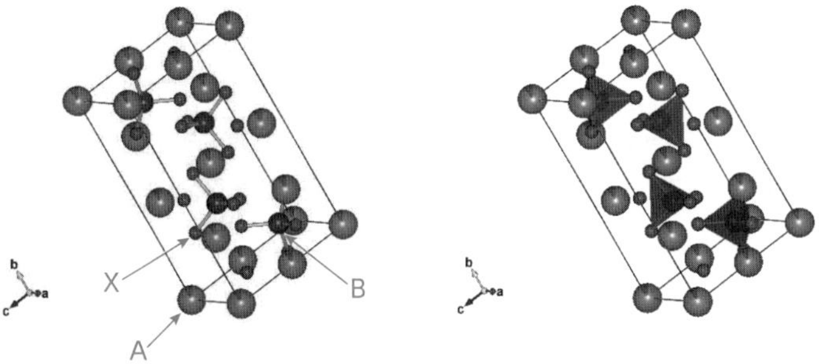

図9-10 オリビン構造

9-2-8 コランダム構造

コランダム構造（図9-11）はABX_3の形をとり、代表的な物質にコランダム（α-Al_2O_3；AとBに同じ元素が入る）とイルメナイト（$FeTiO_3$；図9-12）がある。八面体の層が規則正しく積み重なった構造となっている。イルメナイトではFe層とTi層が交互に積み重なっている。コランダムにおいて、Al^{3+}の2%程度がCr^{3+}に置換されるとルビーとなる。Cr^{3+}ではなくFe^{3+}で置換されるとサファイアになる。ルビーとサファイアは同じ構造を持つことが分かってもらえると思う。イルメナイトは、FeやTiの原料として注目されている。白色顔料の製造にも用いられる。

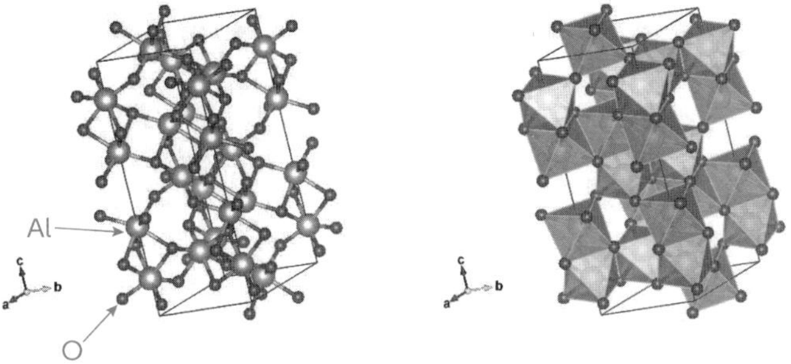

図9-11 コランダム

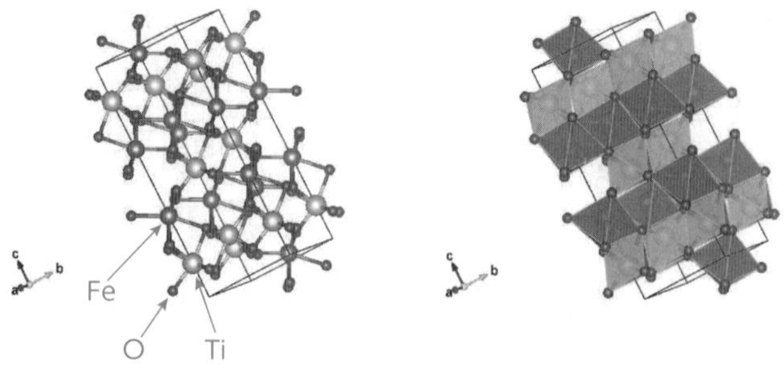

図9-12　イルメナイト

9-2-9　ガーネット構造

ガーネット構造（図9-12）は$A_3B_2C_3O_{12}$の形をとり、代表的な物質に$Mg_3Al_2(SiO_4)_3$（苦礬柘榴石）や$Fe_3Al_2(SiO_4)_3$（鉄礬柘榴石）がある。Aには二価のFe、Co、Ca、Mg、Mnなどが入り、Bには三価のFe、Al、Cr、Tiなどが入る。CにはSiやAlなどが入る。図9-12は$Mg_3Al_2(SiO_4)_3$である。ガーネットは宝石として有名であるが、同じ構造を持つ仲間の$Y_3Al_5O_{12}$（イットリウム・アルミニウム・ガーネット；YAG）があり、少量のNdをドープしたNd・YAGはレーザー発振用の結晶として有名である。

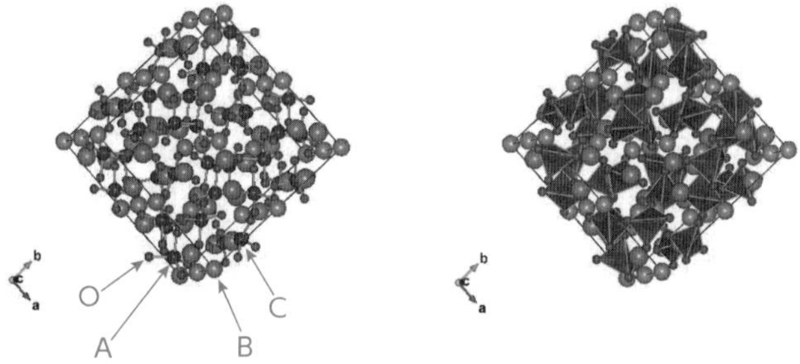

図9-13　ガーネット構造

例題 9-2

上記の例以外にも、各結晶構造をとる物質は多々存在する。例以外で、各構造をとる物質を調べよ。

解答

例えば、参考書　ウエスト「固体化学　–基礎と応用」（講談社）にいろいろな例が掲載されている。他の無機化学の教科書にも多数の例があるので、参照せよ。

9-3　欠陥

実際に存在する結晶中の原子は、すべてが9-2でみてきたようにきれいに秩序正しく整列しているわけではない。構造内で乱れや欠落が生じることがある。この乱れや欠落を欠陥（もしくは、格子欠陥）という。

9-3-1　点欠陥

図9-14に4種類の点欠陥を示す。1は、本来含まれる元素が他の元素（不純物）に置換されることで生じる欠陥である。2は、不純物が、格子中で元素が入る位置以外の空間に入り込むことで生じる欠陥である。1と2は、不純物により引き起こされる。

3は、格子中の原子が、何らかのエネルギーを得て格子の外に出ていくことで生じる欠陥で、ショットキー欠陥とよばれる。4は、格子内の原子が、本来の位置から飛び出し、格子中の原子の入る位置以外の空間に入ることで生じる欠陥で、フレンケル欠陥とよばれる。このような点欠陥を含まない結晶は、実際には存在しないと言われている。

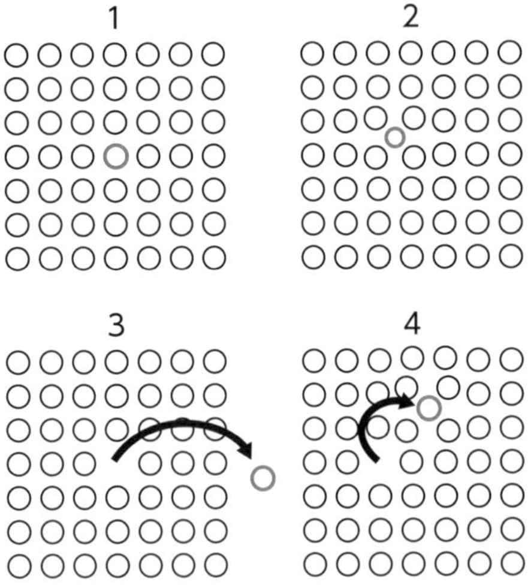

図9-14　点欠陥

9-3-2　線欠陥

点欠陥が1次元的に連続して生じる欠陥である。刃状転移（図9-15A）とらせん転移（図9-15B）がある。刃状転移は原子一層が部分的に結晶格子に入り込んで生じる欠陥で、螺旋転移は、線状に、格子の一部がずれることで生じる欠陥である。

9-3-3　面欠陥

面欠陥は面状（2次元的に）に広がった欠陥で、代表的なものに積層欠陥（図9-16）がある。（1）は部分的に原子層が抜け落ちたことで生じる積層欠陥で、（2）は余分な原子層が入り込むことで生じた積層欠陥である。

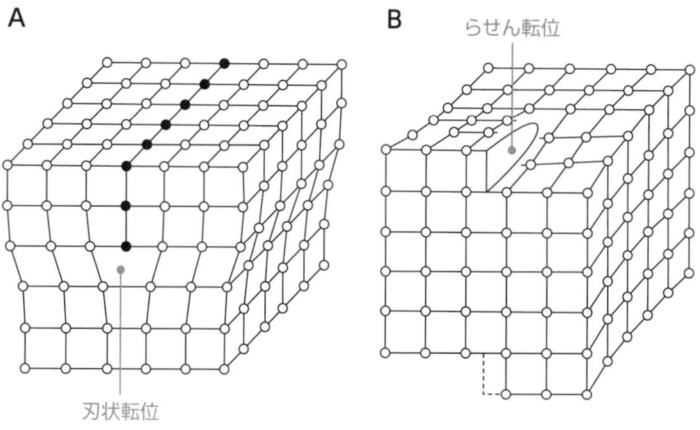

図9-15　線欠陥

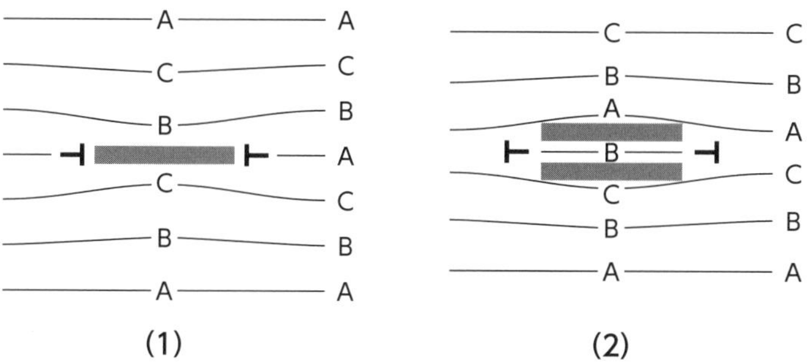

図9-16　面欠陥

9-4　格子エネルギーとマーデルング定数

結晶の格子エネルギー（U）とは、結晶中のイオン間や原子間の結合を切って、ばらばらにするためのエネルギー（エンタルピー）であり、格子エネルギーが大きいほど、結晶は安定となる。格子エネルギーは、ボルン・ハーバーサイクルによって求めることが出来る[注3]。イオン性結晶に関しては、次の、ボルン-ランデの式によっても求めることが出来る。

$$U = -N_A M \frac{z_+ z_- e^2}{4\pi\varepsilon_0 r_0}\left(1 - \frac{1}{n}\right) \qquad (9\text{-}1)$$

N_Aはアボガドロ定数、Mはマーデルング定数、z_+とz_-はそれぞれ陽イオンと陰イオンの電荷、r_0はイオン間の静電引力と反発力の合計が最小となる平行距離、nは反発力定数（ボルン定数ともいう）で、結晶の圧縮率より求める。

マーデルング定数はどのように求めるのかをNaClを例にして解説する。図9-17にNaClの結晶構造を示す（図9-1とは異なる表示をしている）。中心のイオン（黒丸）をNa^+とすると、このNa^+に最も近いイオンは灰色のCl^-イオン（6個）であり、引力が働く。このNa^+-Cl^-間の距離はr_0である。次に、中心のNa^+イオンに近いのは灰色のNa^+(12個)である。中心のNa^+イオンとの間には斥力が働き、中心との距離は$\sqrt{2}r_0$である。3番目に近いイオンは、白丸のCl^-イオン(8個)で、中心との間に引力が働き、距離は$\sqrt{3}r_0$となる。このように結晶中のあるイオンに注目した次の無限級数の和をNaCl型結晶のマーデルング定数（M）という。

$$U = -6.022\times10^{23}\times1.7476\times\frac{1\times(-1)\times\left(1.6022\times10^{-19}\right)^2}{4\times3.14\times8.8542\times10^{-12}\times2.77\times10^{-10}}\times\left(1-\frac{1}{8}\right)$$

$$\approx 7.67\times10^5\left(\mathrm{J\cdot mol^{-1}}\right) = 767\left(\mathrm{kJ\cdot mol^{-1}}\right)$$

他の結晶系についても、その結晶の形に合わせてマーデルング定数を求めることが出来る。表9-1に代表的な結晶系のマーデルング定数を示す。

注3　ボルン・ハーバーサイクルの解説としては、「ウエスト固体化学」講談社（2016）等が参考になる

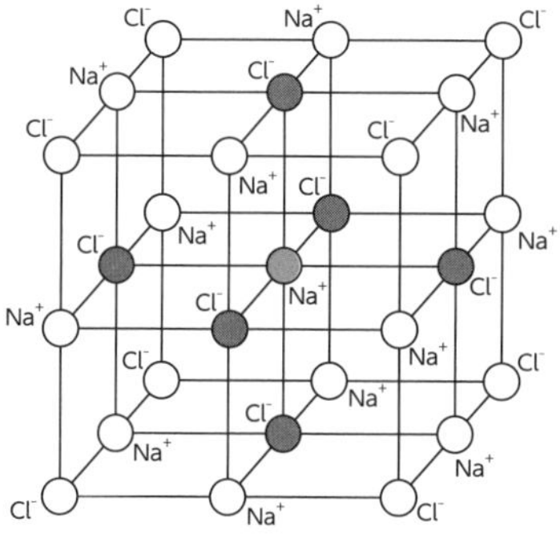

図9-17 マーデルング定数

表9-1 代表的な結晶構造のマーデルング定数

結晶構造	マーデルング定数
NaCl型	1.747558
CsCl型	1.762670
閃亜鉛鉱型	1.638060
ウルツ型	1.641300
蛍石型	5.038780
ルチル型	4.816000

例題9-3

NaClでは、ボルン-ランデの式 (9-1) の各定数の値は、$r_0 = 2.77 \times 10^{-10}$ m、n=8である。NaClの格子エネルギーを求めよ。$e = 1.6022 \times 10^{-19}C$、$N_A = 6.022 \times 10^{23}$、$\varepsilon_0 = 8.8542 \times 10^{-12} C^2 \cdot J^{-1} \cdot m^{-1}$を用いよ。

解答

式 (9-1) に各定数の値を代入して計算する。NaClでは、陽イオンと陰イオンの価数はそれぞれ+1と-1である。

$$U = -6.022 \times 10^{23} \times 1.7476 \times \frac{1 \times (-1) \times \left(1.6022 \times 10^{-19}\right)^2}{4 \times 3.14 \times 8.8542 \times 10^{-12} \times 2.77 \times 10^{-10}} \times \left(1 - \frac{1}{8}\right)$$

$$\approx 7.67 \times 10^5 \left(\mathrm{J \cdot mol^{-1}}\right) = 767 \left(\mathrm{kJ \cdot mol^{-1}}\right)$$

本章の図を作成するにあたり、岡山大学理学部地球科学科の山川純次先生にアドバイスをいただいた。

COLUMN

粘土の結晶構造

多くの人が小さい頃に粘土遊びをした記憶を持っていると思う。では、粘土とはどのようなものであろうか。粘土は下の図（粘土の1種であるカオリナイトの結晶構造）のような層状の結晶構造を持っている。いろいろな形に変形し、ちぎったりくっつけたりできるものなので、結晶構造など持っていないと思われるかもしれないが、実は、結晶構造を持った、れっきとした鉱物である。玩具の粘度は、鉱物である粘土に植物性油や鉱物性油を混ぜて作った油粘土などである。

鉱物としての粘度は、図のように層が重なった形をしており、層間に、いろいろなものを挿入し保持する性質を持っている。

また、粘土を加熱すると、結晶中の結合水が脱離し、結晶構造に変化が生じる。この現象を利用したのが陶器や磁器の生産である。

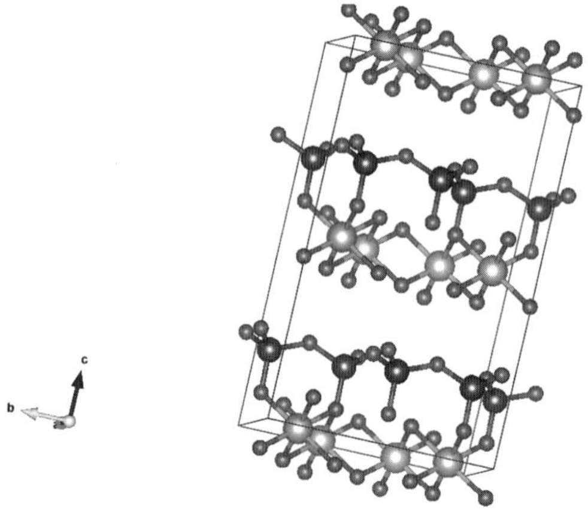

図9-18　カオリナイトの結晶構造

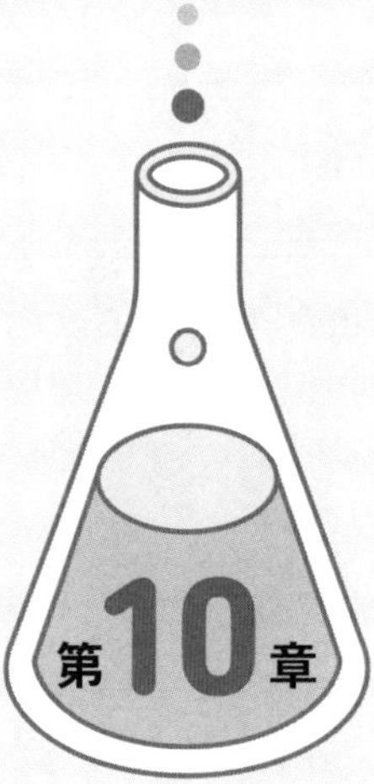

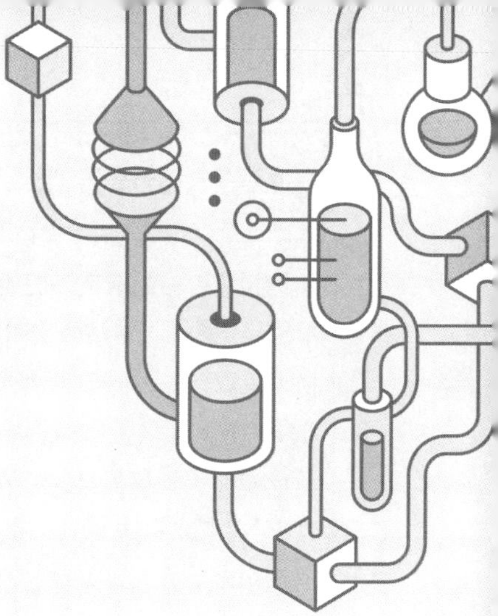

結晶構造解析

本章で学ぶ内容

1. 分率座標
2. 基本単位格子と基本並進ベクトル
3. 逆格子
4. X線結晶解析の基礎

第９章で、様々な結晶構造の特徴を学んだ。これらの構造は、主に、X線結晶構造解析により決められている。本章では、X線結晶構造解析の基礎となる事項を学ぶ。これまで、空間を表す座標系として、座標軸が垂直に交わる直交座標系だけを扱ってきたと思うが、結晶の分野では、直交座標系以外の座標系も扱う。この基礎をまず学び、その後に、重要な逆格子を学ぶ。逆格子は、構造解析だけではなく、後に学ぶバンド理論でも重要な事項であり、本章で、しっかりとしたイメージをつかんでいただきたい。

10-1　分率座標

無機物質の結晶構造の記述において、以下の事項が必須の情報となる。

- 単位格子の形（結晶の空間群）
- 格子定数
- 原子の位置

最後の原子の位置は、デカルト座標ではなく**分率座標**で記述される。まず、デカルト座標とは図10-1のような座標軸（X, Y, Z）が互いに直交している空間（直交座標系という）、の点の座標のことである。一般的に、座標と言えば、デカルト座標を指すと考えてもよい。

一方、分率座標はどのような座標であるのか。まず図10-2を見て頂きたい。ここに示す座標軸（a、b、c）は、単位格子を記述する格子定数に対応した座標軸である。各軸に沿って示されているベクトル"$\vec{e}_1, \vec{e}_2, \vec{e}_3$"[注1]は大きさ1の単位ベクトルである。点Pの位置($\vec{r}$)は$\vec{r} = k_1\vec{e}_1 + k_2\vec{e}_2 + k_3\vec{e}_3$($k_i$は定数）と表現される。

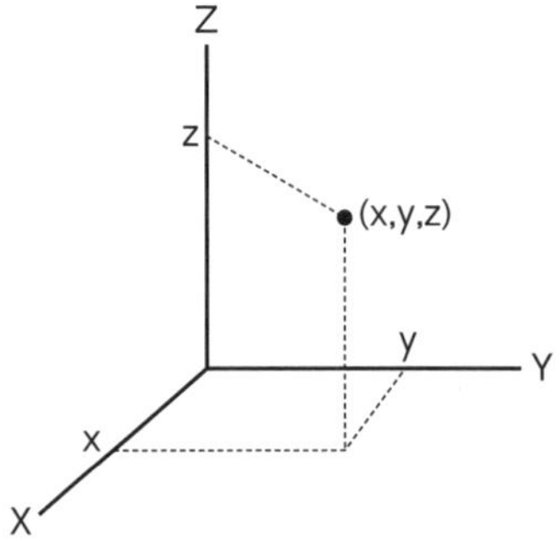

図10-1　デカルト座標

格子中の、原子位置($\vec{r}$)（格子点の座標）は、座標の実際の値で表すほか、格子定数に対しての割合で表すことも出来る。後者を分率座標という。第9章で示した岩塩を例として説明する。まず、格子定数はa = 5.5937Å、b = 5.5937Å、

注1　分かりやすくするために、本書ではいくつかのベクトルをまとまって示す場合は、ベクトルの組を"$\vec{e}_1, \vec{e}_2, \vec{e}_3$"のように“　”でまとめることにする。

c = 5.5937Åである。図10-2のPの位置が、(2.79685, 2.79685, 2.79685)（単位はÅ）であるとすると、この各軸の座標値は、ちょうど、格子定数の半分なので、この点の分率座標は(0.500, 0.500, 0.500)となる。分率座標が0～0.999の間の原子が取り扱おうとしている単位格子に属し、この範囲外の原子は隣接する別の単位格子に属するとする。

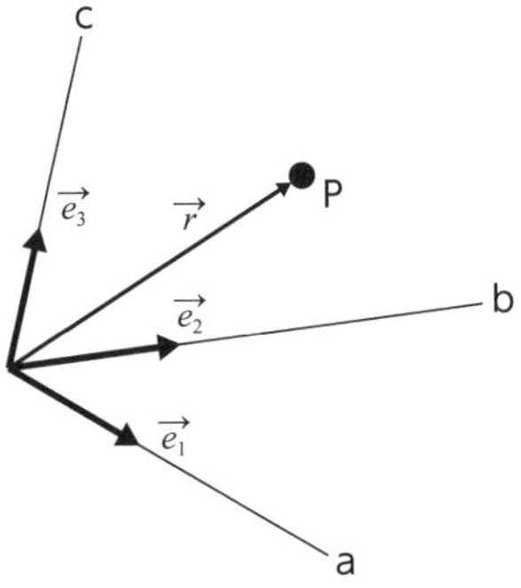

図10-2　空間の点の位置

例題10-1

図10-3の各点の分率座標をA (0.000, 0.000, 0.000)、B (1.000, 0.000, 0.000)、C (0.500, 0.500, 0.500)、D (1.000, 1.000, 1.000)とする。単位格子に属する点はどれか。

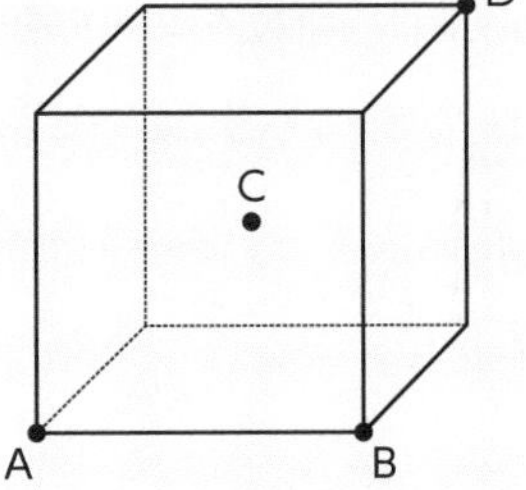

図10-3　例題10-1　格子

解答

上の解説のように、分率座標が0～0.999の間の原子が、取り扱おうとしている単位格子に属するから、単位格子に属する点はAとCである。

10-2　基本単位格子と基本並進ベクトル

上でも述べたが、"$\vec{e}_1, \vec{e}_2, \vec{e}_3$"の取り方は自由である。構造解析や物性計算では、多くの場合、単位格子として基本単位格子を採用し、基本並進ベクトルを用いて結晶構造を表すことが多い。基本単位格子の形は、第9章で見てきた結晶構造と同じではない場合が多いので、扱いには慣れも必要である。

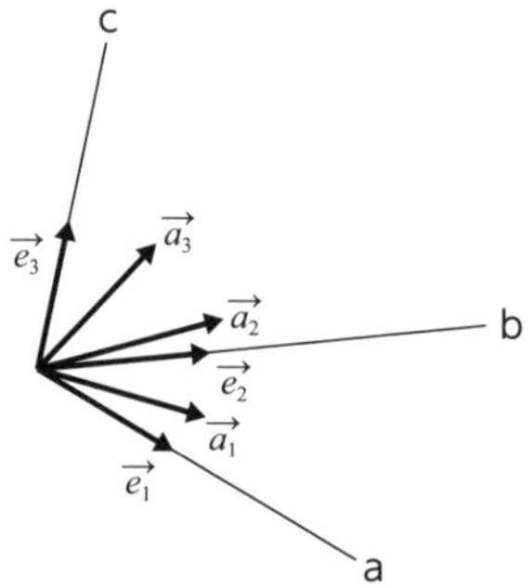

図10-4　基本並進ベクトル

"$\vec{e}_1, \vec{e}_2, \vec{e}_3$"の座標系での座標が$(x_1, x_2, x_3)$の点は、座標系"$\vec{a}_1, \vec{a}_2, \vec{a}_3$"では、座標が$(x'_1, x'_2, x'_3)$となるとすると、以下の変換式が成り立つ。$x'_i = f_i\,(x_1, x_2, x_3)\,(i = 1, 2, 3)$が成り立ち、"$\vec{e}_1, \vec{e}_2, \vec{e}_3$"の座標系の単位ベクトルを"$\vec{e}_1, \vec{e}_2, \vec{e}_3$"、座標系"$\vec{a}_1, \vec{a}_2, \vec{a}_3$"の単位ベクトルを"$\vec{a}'_1, \vec{a}'_2, \vec{a}'_3$"であるとする。

$$\begin{pmatrix} \vec{e}_1 \\ \vec{e}_2 \\ \vec{e}_3 \end{pmatrix} = \begin{pmatrix} \frac{\partial x'_1}{\partial x_1} & \frac{\partial x'_2}{\partial x_1} & \frac{\partial x'_3}{\partial x_1} \\ \frac{\partial x'_1}{\partial x_2} & \frac{\partial x'_2}{\partial x_2} & \frac{\partial x'_3}{\partial x_2} \\ \frac{\partial x'_1}{\partial x_3} & \frac{\partial x'_2}{\partial x_3} & \frac{\partial x'_3}{\partial x_3} \end{pmatrix} \begin{pmatrix} \vec{a}'_1 \\ \vec{a}'_2 \\ \vec{a}'_3 \end{pmatrix}$$

行列の計算法は、線形代数学のテキストを参照いただきたい。

10-2-1　体心立方格子の基本並進ベクトル

体心立法格子の基本並進ベクトルは、図10-5Aのように3つの格子の中心に向かったベクトルを用いる。図10-5Aの1つの立方体の1辺の長さをaとし、x,y,z

の各軸の単位ベクトルを"$\vec{e}_1, \vec{e}_2, \vec{e}_3$"とすると、基本並進ベクトル"$\vec{a}_1, \vec{a}_2, \vec{a}_3$"は、

$$\vec{a}_1 = \frac{a}{2}(-\vec{e}_1 + \vec{e}_2 + \vec{e}_3) = \frac{a}{2}t(-1,1,1)$$
$$\vec{a}_2 = \frac{a}{2}(\vec{e}_1 - \vec{e}_2 + \vec{e}_3) = \frac{a}{2}t(1,-1,1)$$
$$\vec{a}_3 = \frac{a}{2}(\vec{e}_1 + \vec{e}_2 - \vec{e}_3) = \frac{a}{2}t(1,1,-1)$$

となる。そして、基本単位格子は図10-5Bのような形となる。格子中の格子点($\vec{r}$)は、基本並進ベクトルを用いて、$\vec{r} = n_1\vec{a}_1 + n_2\vec{a}_2 + n_3\vec{a}_3$と表すことが出来る($n_i$は整数である)。また、これは、結晶全般で成立する。

ここで、${}^t(x,y,z)$は転置ベクトル$\begin{pmatrix} x \\ y \\ z \end{pmatrix}$を示す。

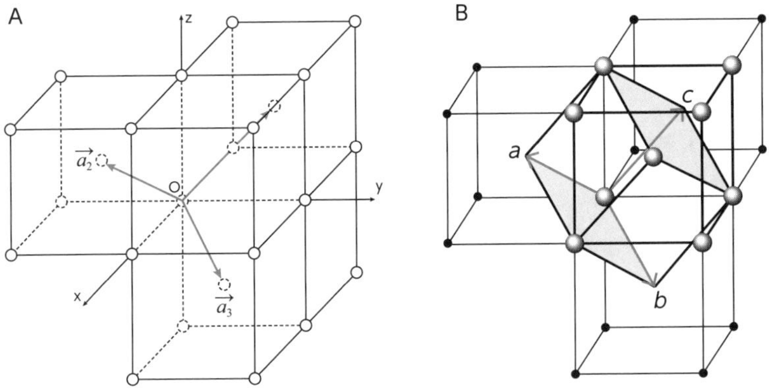

図10-5　体心立方格子の基本並進ベクトル

10-2-2　面心立方格子の基本並進ベクトル

面心立方格子では、基本並進ベクトルは、図10-6Aのようになる。体心立法格子の場合と同様に、x,y,zの各軸の単位ベクトルを"$\vec{e}_1, \vec{e}_2, \vec{e}_3$"とすると、基本並進ベクトル"$\vec{a}_1, \vec{a}_2, \vec{a}_3$"は、

$$\vec{a}_1 = \frac{a}{2}(\vec{e}_2 + \vec{e}_3) = \frac{a}{2}t(0,1,1)$$
$$\vec{a}_2 = \frac{a}{2}(\vec{e}_3 + \vec{e}_1) = \frac{a}{2}t(1,0,1)$$

$$\vec{a}_3 = \frac{a}{2}(\vec{e}_1 + \vec{e}_2) = \frac{a}{2}t(1,1,0)$$

となる。そして、基本単位格子は図10-6Bのような形となる。

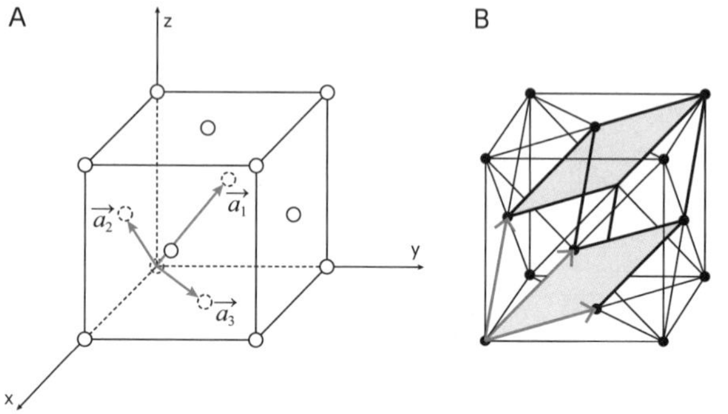

図10-6　面心立法格子の基本並進ベクトル

POINT

基本単位格子と基本並進ベクトルのイメージをしっかりと持っていること

例題10-2

図10-7①のような六方最密構造を考える。この構造は②に示すA層とB層がA-B-Aのように積み重なる構造である。A層とB層は図10-7②に示すAB積層のように積み重なっている。また、①のように六角形の1辺の長さをa、単位格子の高さをcとする。

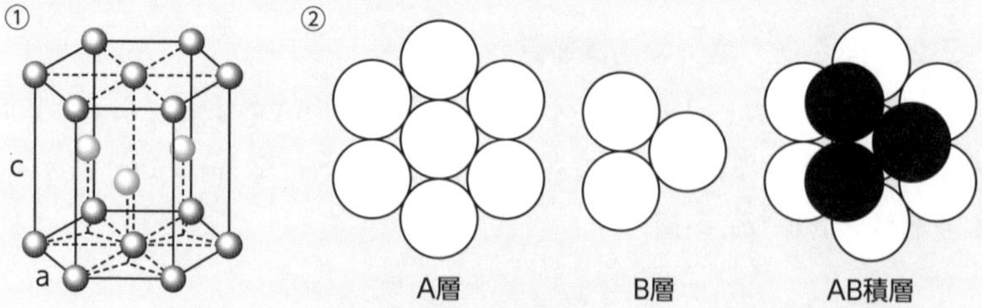

図10-7　六方最密構造

基本並進ベクトルを図10-8の"$\vec{a}_1, \vec{a}_2, \vec{a}_3$"のようにとった場合、デカルト座標の単位ベクトル"$\vec{e}_1, \vec{e}_2, \vec{e}_3$"を用いて、基本並進ベクトルを表せ。ただし、$\vec{a}_3 = c\vec{e}_3$とする。

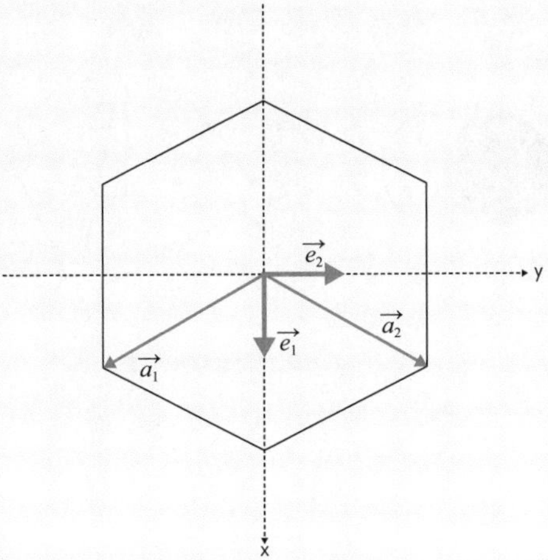

図10-8　六方最密充填の基本並進ベクトル

解答

まず、XY平面上の基本並進ベクトルを考える。"$\vec{a}_1, \vec{a}_2$"とY軸のなす角は30°なので、

$$\begin{aligned}\vec{a}_1 &= a\vec{e}_1 \sin\frac{\pi}{6} - a\vec{e}_2 \cos\frac{\pi}{6} \\ &= \frac{1}{2}a\vec{e}_1 - \frac{\sqrt{3}}{2}a\vec{e}_2 \\ \vec{a}_2 &= a\vec{e}_1 \sin\frac{\pi}{6} + a\vec{e}_2 \cos\frac{\pi}{6} \\ &= \frac{1}{2}a\vec{e}_1 + \frac{\sqrt{3}}{2}a\vec{e}_2\end{aligned}$$

となる。

図10-9に示すようにAB積層の基本構造は正三角錐となっている。正三角錐の高さは$\sqrt{\frac{2}{3}}a$となるので、$\vec{a}_3 = c\vec{e}_3 = 2a\sqrt{\frac{2}{3}}\vec{e}_3$

$$\vec{a}_1 = \frac{a}{2}\begin{pmatrix} 1 \\ -\sqrt{3} \\ 0 \end{pmatrix}, \vec{a}_2 = \frac{a}{2}\begin{pmatrix} 1 \\ \sqrt{3} \\ 0 \end{pmatrix}, \vec{a}_3 = \frac{a}{2}\begin{pmatrix} 0 \\ 0 \\ 4\sqrt{\frac{2}{3}} \end{pmatrix}$$

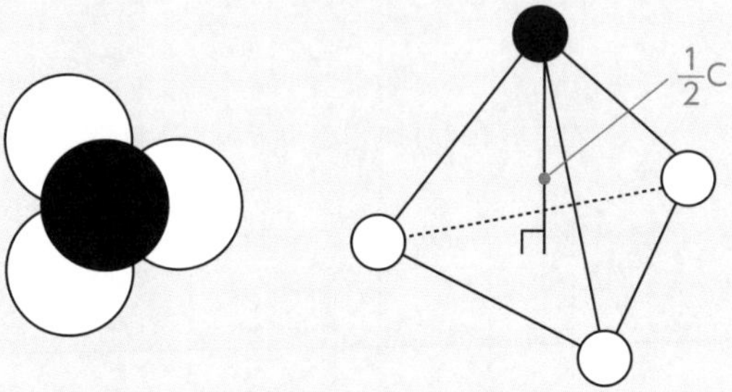

図10-9　六方最密充填構造の一部

CHAPTER 10

10-3　逆格子ベクトルと逆格子空間

基本並進ベクトルが理解できたと思うので、次に、逆格子の基本ベクトルを求める。逆格子は、X線構造解析や固体中の電子のエネルギーなどに深く関係する重要な量である。基本並進ベクトルが"$\vec{a}_1, \vec{a}_2, \vec{a}_3$"のとき、逆格子の基本ベクトルは、次のようになる。

$$\vec{b}_1 = 2\pi \frac{\vec{a}_2 \times \vec{a}_3}{\vec{a}_1 \cdot (\vec{a}_2 \times \vec{a}_3)}, \vec{b}_2 = 2\pi \frac{\vec{a}_3 \times \vec{a}_1}{\vec{a}_2 \cdot (\vec{a}_3 \times \vec{a}_1)}, \vec{b}_3 = 2\pi \frac{\vec{a}_1 \times \vec{a}_2}{\vec{a}_3 \cdot (\vec{a}_1 \times \vec{a}_2)}$$

分母は、第6章の補足でみたように、単位格子の体積である。基本並進ベクトルと逆格子の基本ベクトルの間には、$\vec{a}_i \cdot \vec{b}_j = 2\pi\delta_{ij}$という関係がある。ここで、$\delta_{ij}$はクロネッカーのデルタで、$i = j$なら1、$i \neq j$なら0の値をとる。また、逆格子の基本ベクトルにより、逆格子点の位置$\left(\vec{G}\right)$は、$\vec{G} = m_1\vec{b}_1 + m_2\vec{b}_2 + m_3\vec{b}_3$と表される。($m_i : i = 1, 2, 3$は整数)

1辺の長さaの体心立方格子の逆格子基本ベクトルは、次のようになる。

$$\vec{b}_1 = \frac{2\pi}{a}\begin{pmatrix}0\\1\\1\end{pmatrix}, \vec{b}_2 = \frac{2\pi}{a}\begin{pmatrix}1\\0\\1\end{pmatrix}, \vec{b}_3 = \frac{2\pi}{a}\begin{pmatrix}1\\1\\0\end{pmatrix}$$

また、1辺の長さaの面心立法格子では、

$$\vec{b}_1 = \frac{2\pi}{a}\begin{pmatrix}-1\\1\\1\end{pmatrix}, \vec{b}_2 = \frac{2\pi}{a}\begin{pmatrix}1\\-1\\1\end{pmatrix}, \vec{b}_3 = \frac{2\pi}{a}\begin{pmatrix}1\\1\\-1\end{pmatrix}$$

となる。体心立法格子、面心立法格子の基本並進ベクトルと比べると、体心立方格子の逆格子基本ベクトルは、面心立法格子の基本並進ベクトルの$\frac{4\pi}{a}$倍となっており、面心立方格子の逆格子基本ベクトルは、体心立法格子の基本並進ベクトルの$\frac{4\pi}{a}$倍となっている。これは、逆格子点の作る格子の形を考えるうえで、重要な性質である。

POINT

逆格子の基本ベクトルを計算できる

例題10-3

例題10-2の六法最密構造の逆格子の基本ベクトルを求めよ。

解答

$$\vec{a}_1 = \frac{a}{2}\begin{pmatrix} 1 \\ -\sqrt{3} \\ 0 \end{pmatrix}, \vec{a}_2 = \frac{a}{2}\begin{pmatrix} 1 \\ \sqrt{3} \\ 0 \end{pmatrix}, \vec{a}_3 = \frac{a}{2}\begin{pmatrix} 0 \\ 0 \\ 4\sqrt{\frac{2}{3}} \end{pmatrix}$$

より、

$$\vec{a}_2 \times \vec{a}_3 = \frac{a^2}{4}\begin{pmatrix} 1 \\ \sqrt{3} \\ 0 \end{pmatrix} \times \begin{pmatrix} 0 \\ 0 \\ 4\sqrt{\frac{2}{3}} \end{pmatrix} = \frac{a^2}{4}\begin{pmatrix} 4\sqrt{2} \\ -4\sqrt{\frac{2}{3}} \\ 0 \end{pmatrix}$$

となる。よって

$$\vec{a}_1 \cdot (\vec{a}_2 \times \vec{a}_3) = \frac{a^3}{8}(4\sqrt{2} + 4\sqrt{2}) = a^3\sqrt{2}$$

となり、

$$\vec{b}_1 = \frac{2\pi}{a\sqrt{3}}\begin{pmatrix} \sqrt{3} \\ -1 \\ 0 \end{pmatrix}$$

となる。他も同様に、$\vec{b}_2 = \dfrac{2\pi}{a\sqrt{3}}\begin{pmatrix} \sqrt{3} \\ 1 \\ 0 \end{pmatrix}, \vec{b}_3 = \dfrac{\pi\sqrt{3}}{a\sqrt{2}}\begin{pmatrix} 0 \\ 0 \\ 1 \end{pmatrix}$

CHAPTER 10

10-4　ブリュアンゾーンとX線構造解析の基礎

ブリュアンゾーンは、ブリルアンゾーン、ブリュアン域とも表記される領域である。$\vec{G} = m_1\vec{b}_1 + m_2\vec{b}_2 + m_3\vec{b}_3$で表される格子点のなかで、$\vec{G} = 0$となる点と、近接する格子点を結ぶ線の垂直二等分面で囲まれた最小体積の領域を第1ブリュアンゾーンとよぶ。図10-10に体心立法格子と面心立法格子の第1ブリュアンゾーンを示す。

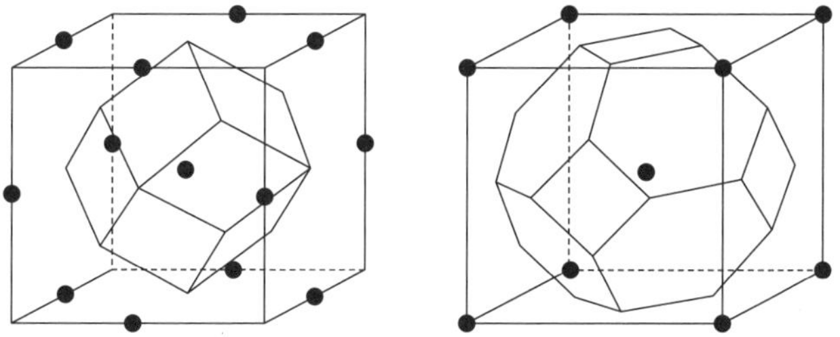

体心立方格子　　面心立方格子

図10-10　第1ブリュアンゾーン

ブリュアンゾーンは、電子のエネルギーと深く関係し、後の章で解説する固体のバンドの理解に必須の概念である。また、固体の電子状態の計算においても、第1ブリュアンゾーンの対称点が重要となる。これらの点に関しては、後の章で、解説を行う。第I巻第16章でも説明したが、図10-11Aのように角度θで入射した波長λのX線が結晶面で角度θ反射されたとき、回折が観測される条件はブラッグの条件

$$2d\sin\theta = n\lambda (n = 1, 2, 3\cdots)$$

となる。

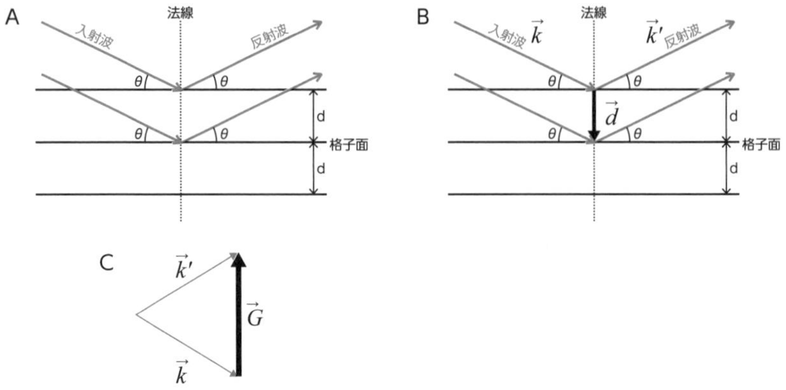

図10-11　X線回折

この条件を、もう少し詳しく見ていく。X線は電磁波、つまり波なので、波を記述する際に用いる波数ベクトルを$\left|\vec{k}\right| = \left|\vec{k'}\right| = k = \dfrac{2\pi}{\lambda}$として定義する。入射X線の波数ベクトルを$\vec{k}$、反射X線の波数ベクトルを$\vec{k'}$を考える（図10-11B）と、

$$-\vec{k} \cdot \vec{d} = k \cdot d \cos\left(\theta + \frac{\pi}{2}\right) = kd \sin\theta$$

$$\vec{k'} \cdot \vec{d} = k \cdot d \cos\left(\theta + \frac{\pi}{2}\right) = kd \sin\theta$$

$$\therefore 2d \sin\theta = \frac{1}{k} d \cdot \left(\vec{k'} - \vec{k}\right)$$

となり、回折条件は逆格子点$\vec{G} = \vec{k'} - \vec{k}$（図10-11C）とおくと、回折条件は$\vec{d} \cdot \vec{G} = kn\lambda = 2n\pi$となる。この回折条件は、任意の格子点の位置を$\vec{r}$として、$\vec{r} \cdot \vec{G} = 2n\pi$ともできる。

j点（位置を示すベクトルは$\vec{r_j}$）での電子密度をρ_jとすれば、回折強度（S_G）は、$S_G = \sum_j f\left(\rho_j\right) e^{i\vec{r}_j \cdot \vec{G}}$となる。つまり、$\vec{G}$が実験により決まれば、回折現象を解析することが出来て、$\vec{r_j}$が決まる。このことは、結晶構造を求めることが出来ることを意味している。また、上の式は、X線回折により電子の分布を知り、電子分布の中心を原子の位置としていることがわかる。

以上を、もう少し視覚的にした方法にエワルド球がある。実際は、3次元空間で考えなければならないが、簡単のために2次元で考える。図10-12のように入射波の波数ベクトル$\vec{k}$の先端を逆格子点の一つと一致させ（図10-12ではA）、半径kの円（3次元なら球）を描く。この円（球）をエワルド球とよぶ。円上に、別の逆格子点があれば、その点（図10-12ではB）に向けてのベクトルは$\vec{k}'$となる。この様に、逆格子の基本ベクトルの張る空間（逆格子空間）のどこに回折点が生じるかを知ることが出来るわけである。固体を考えるうえでの、逆格子の重要さが分かってもらえたかと思う。

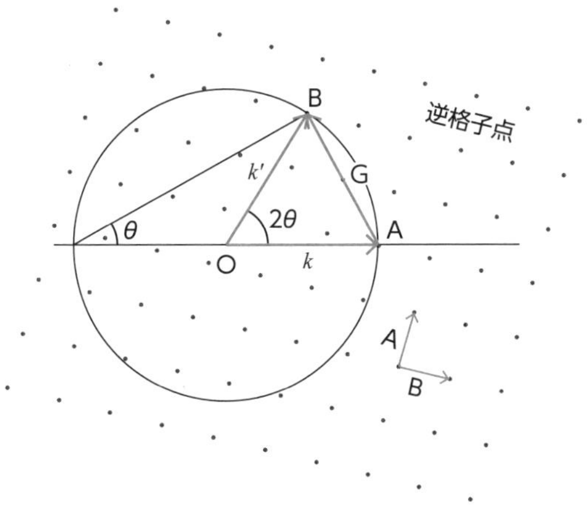

図10-12　エワルド球

10-5　単結晶と多結晶

単結晶とは、その結晶中のどの位置でも結晶軸の方向が変化しないものである。作成は、いくつかの例（NaCl結晶、ミョウバンの結晶など）を除き、非常に難しいことが知られている。一方多結晶とは、単結晶の集合体（図10-13A）である。つまり、結晶の位置により、結晶軸の方向が変化する（図10-13B）。大きな単結晶が得られた場合は、X線回折を様々な方向で測定し、データを処理することで結晶構造を知ることが出来る。

多結晶の場合は、様々な結晶面からの反射が、ある方向に出てくるため、1つの角度（回折角）にいくつもの回折が重なってくる。単結晶の場合のように、得られたデータから、直接、構造解析が出来ないので、結晶構造モデルを作り、モデルから計算した回折角（θ）、回折強度（S_G）と得られたデータが一致するように、格子定数を最適化する方法（Rietveld法）が取られる。

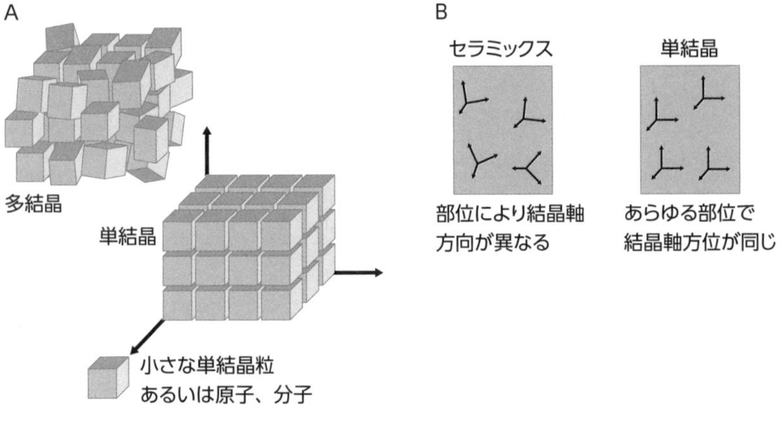

図10-13　単結晶と多結晶

例題 10-4

上で例にした、学生実験でも作られるNaCl結晶やミョウバン結晶以外に、身の回りでみられたり、使われたりしている単結晶に、どのようなものがあるかを調べよ。

解答

例えば、宝石（ダイヤモンド、サファイア、エメラルド、水晶など）やレーザー発振体、半導体の基板などがある。ただし宝石のすべてが単結晶ではない。例えば、オパールは非晶質である。

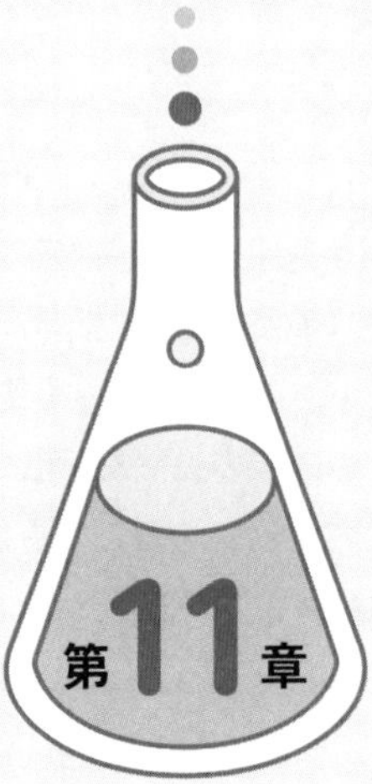

第11章

固体の比熱

本章で学ぶ内容

1. 格子比熱
2. フェルミ分布
3. 電子比熱
4. バンド理論

第10章までの章で、結晶構造の基礎を学んだ。本章からは、固体の物性についてまなぶ。固体の物性は、様々な分野で用いられる材料開発の基礎となる。例えば、半導体の諸性質を知ることで、新しい半導体開発や太陽電池の開発につながる。また、電極活物質や触媒などの開発でも、固体の物性が基礎となる。本章では、まず、固体の基礎物性の一つである比熱を取り上げる。比熱を考えることで、統計力学と量子力学が、固体物性の基礎であることも理解できると思う。本章の最後で、固体物性を考えるうえで最も重要なバンド理論を紹介する。なお、本章では、式の展開を自分で行おうとすると、かなり難しいものがあるので、式の展開にとらわれず、結果の意味するところの理解に努めてほしい。

11-1　固体の比熱の温度変化

比熱とは、「単位質量の物質の温度を、単位温度上げるのに必要な熱量」である。単位質量としては、多くの場合、1kgが採用されるが、1gであることもある。単位温度は、大抵の場合、1℃である。表11-1に25℃での固体の比熱を示している。固体は、体積変化がほとんどないので、比熱は定容比熱であることを忘れてはいけない。単位質量（ここでは、1g）当たりの比熱は、物質により大きく異なるが、モル当たりに換算すると、多くの元素が25.0 J・mol^{-1}・K^{-1}付近の値をとる。この値は3R（= 3 × 8.314 = 24.942）の値とほぼ同じである。「固体の定容モル比熱は3R（Rは気体定数）となる。」という、デュロン-プチの法則に合致する。

表11-1　固体の比熱

元素	比熱	
	グラム比熱（J・g^{-1}・K^{-1}）	モル比熱（J・mol^{-1}・K^{-1}）
Al	0.902	24.3
Ag	0.236	25.5
C	0.513	6.2
Cu	0.385	24.5
Fe	0.448	25
Mg	1.025	24.9
Si	0.712	20
Ti	0.522	25

例題 11-1

Al（原子量：26.98）について、グラム比熱からモル比熱に換算し、表の値となることを確認せよ。

解答

Alの1モルの質量は、原子量と同じ26.98 gであるから、モル比熱は$0.902 \times 26.98 = 24.34$となり、表11-1の値となる。

　ではなぜ定容モル比熱は3Rなのかを考えてみる。統計力学は、固体を構成する粒子（原子と考えればよい）1個の運動の1自由度につき$\frac{1}{2}k_BT$（k_Bはボルツマン定数）のエネルギーが分配されるとしている。固体は図11-1のように、構成する原子が互いに、バネでつながれていると考えるので、原子1個につき3方向の運動エネルギー（運動の自由度は3）と3方向のバネによる位置エネルギー（振動の自由度は3）を考えなければならない。つまり、原子1個の自由度は6となる。原子1個に分配されるエネルギーは$\frac{1}{2}k_BT \times 6 = 3k_BT$となり、ボルツマン定数と気体定数の間には、$N_Ak_B = R$という関係があり（$N_A$はアボガドロ定数）、1モルの固体の温度を1℃上げるには3Rの熱量が必要になる。これが、デュロン-プチの法則である。デュロン-プチの法則では、モル比熱の温度依存性はないとされている。

　ところが、いろいろな温度でモル比熱を測定すると図11-2のようになり、低温では、モル比熱の値が減少し、0 K付近では、モル比熱も0J・mol^{-1}・K^{-1}となる。低温でのモル比熱はデュロン-プチの法則では説明できない。

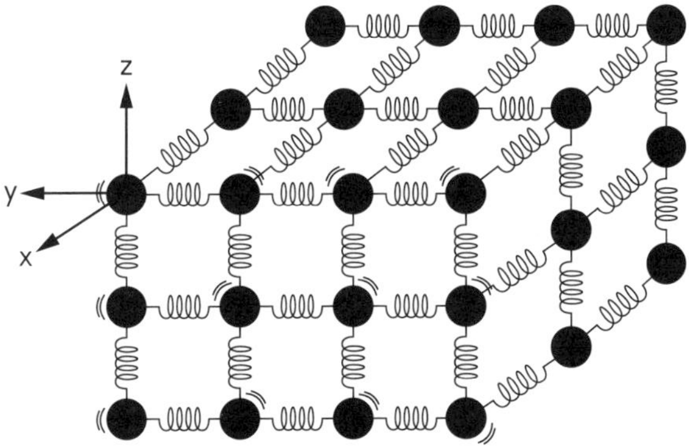

図11-1　固体の格子振動

11-2 アインシュタインモデル

固体の比熱の温度依存性を説明するために、アインシュタインは、固体を構成する原子（同種と仮定）は同じ角振動数（ω）をもち、独立した調和振動子（単振動を行っている粒子）とした。

1個の調和振動子（原子）のエネルギーは、量子力学より$E_n = \left(n + \frac{1}{2}\right)\hbar\omega$とされている（n=0, 1, 2…）。1個の調和振動子が振動エネルギーE_nをとる確率を$P_n(E_n)$とすると、N個の原子よりなる固体の内部エネルギーは

$$U = 3N\sum P_n(E_n)\,E_n = \frac{3N}{2}\hbar\omega + \frac{3N\hbar\omega}{\exp\left(\frac{\hbar\omega}{k_B T}\right) - 1}$$

となる。定容モル比熱は、内部エネルギーの温度微分であるという関係より、

$$C_V = \frac{\partial U}{\partial T} = 3Nk_B\left(\frac{\hbar\omega}{k_B T}\right)^2 \frac{\exp\left(\frac{\hbar\omega}{k_B T}\right)}{\left(\exp\left(\frac{\hbar\omega}{k_B T}\right) - 1\right)^2}$$

を得る。ここで、$\exp(x)=e^x$である。

この式から、極低温では$\lim_{T\to 0} C_V = 0$となり、図11-2の状況を再現できた。

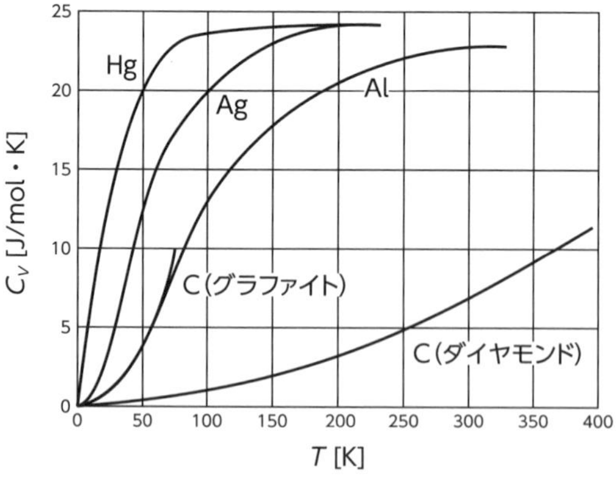

図11-2　固体のモル比熱の温度変化

また、$T >> \dfrac{\hbar\omega}{k_B}$では$C_V \approx 3Nk_B = 3R$となりデュロン-プチの法則と一致するので、固体の比熱をある程度説明できるモデルであることが分かる。

POINT

固体の比熱における格子振動の重要性を理解する。

例題 11-2

アインシュタインモデルにおいて、$T >> \dfrac{\hbar\omega}{k_B}$では$C_V \approx 3Nk_B = 3R$を確認せよ。必要なら、$x$が非常に小さい時、$e^x \approx 1 + x$が成り立つことを用いよ。

解答

$T >> \dfrac{\hbar\omega}{k_B}$なので、

$$
\begin{aligned}
C_V = \frac{\partial U}{\partial T} &= 3Nk_B \left(\frac{\hbar\omega}{k_BT}\right)^2 \frac{\exp\left(\frac{\hbar\omega}{k_BT}\right)}{\left(\exp\left(\frac{\hbar\omega}{k_BT}\right) - 1\right)^2} \\
&\approx 3Nk_B \left(\frac{\hbar\omega}{k_BT}\right)^2 \frac{1 + \frac{\hbar\omega}{k_BT}}{\left(\frac{\hbar\omega}{k_BT}\right)^2} = 3Nk_B \left(1 + \frac{\hbar\omega}{k_BT}\right) \\
&\approx 3Nk_B = 3R \quad \left(\because \frac{\hbar\omega}{k_BT} << 1\right)
\end{aligned}
$$

以上のように、アインシュタインモデルによりある程度、固体の比熱の温度依存性を説明できたが、次項で述べるように極低温領域でのずれが大きくなり、十分、比熱の温度依存性が説明できない。

11-3　デバイモデル

アインシュタインモデルでは、全ての原子が同じ角振動数を持つとしていたが、デバイは角振動数に分布があるとして、次のモデルを導いた。

$T_D = \dfrac{\hbar\omega_D}{k_B}$というデバイ温度を導入し、N個の粒子（原子としてよい）よりなる固体の内部エネルギーを

$$U = 9Nk_BT\left(\frac{T}{T_D}\right)^3\int_0^{\frac{T_D}{T}}\frac{x^3}{e^x-1}dx, x = \frac{\hbar\omega}{k_BT}$$

とした。ここで、$c_s\omega$は粒子の振動数、ωDは粒子のとることができる最大振動数である。

$T>>T_D$では、xが非常に小さくなるため先ほどの例題11-2でも用いた$e^x \approx 1+x$の近似を使うことができ、計算すると$U \approx 3Nk_BT$となり、$C_V = \dfrac{\partial U}{\partial T} \approx 3Nk_B = 3R$となるので、このモデルでもデュロン-プチの法則と一致する。また、$T << T_D$（極低温）では、

$$\int_0^{\infty}\frac{x^3}{e^x-1}dx = \frac{\pi^4}{15}$$

を用いると

$$U \approx \frac{3\pi^4}{5}Nk_BT\left(\frac{T}{T_D}\right)^3$$

となり、

$$C_V = \frac{\partial U}{\partial T} = \frac{12}{5}\pi^4Nk_B\left(\frac{T}{T_D}\right)^3$$

となるので、$\lim_{T\to 0} C_V = 0$デバイモデルは図11-3のような曲線となり、極低温においては、比熱がT^3に比例するというT^3則ともよくあっており、図11-2の状況をアインシュタインモデルよりも正確に再現できている。

以上11-2と11-3で、格子振動による固体の比熱を見てきた。格子振動による比熱を**格子比熱**とよぶ。金属では、自由電子が寄与する比熱も存在する。これを**電子比熱**とよぶ。次に、この電子比熱について見ていくことにする。

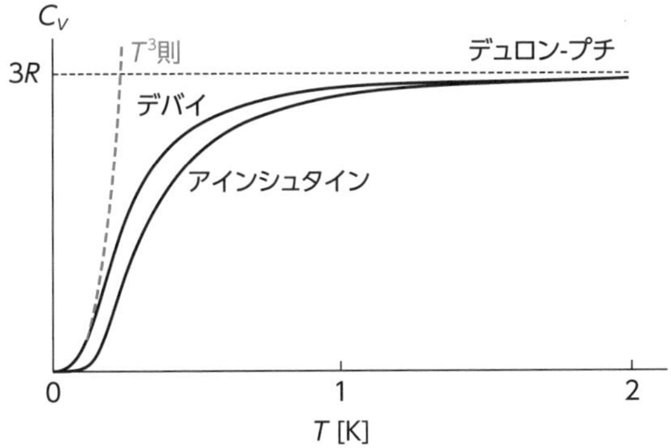

図11-3　アインシュタインモデルとデバイモデル

POINT

アインシュタインモデルとデバイモデルの違いを理解する。一番の違いは、デバイモデルでは、格子振動の各振動数に分布があるとした点である。

例題 11-3

$$U \approx \frac{3\pi^4}{5} N k_B T \left(\frac{T}{T_D}\right)^3 \text{から、}$$

$$C_V = \frac{\partial U}{\partial T} = \frac{12}{5}\pi^4 N k_B \left(\frac{T}{T_D}\right)^3$$

が導かれることを確認せよ。

解答

Uの温度微分を実行すればよい。

$$
\begin{aligned}
C_V = \frac{\partial U}{\partial T} &= \frac{d}{dT}\left\{\frac{3}{5}\pi^4 N k_B T \left(\frac{T}{T_D}\right)^3\right\} \\
&= \frac{12}{5}\pi^4 N k_B \left(\frac{T}{T_D}\right)^3
\end{aligned}
$$

11-4　フェルミ分布

固体物性では、電子が果たす役割は非常に大きい。まずその電子の持つ性質を見ることにする。

図11-4(1)のように、2つの粒子AとBが、それぞれ位置$\vec{r}_1$と$\vec{r}_2$にあるとする。Aの波動関数をϕ_A^1、Bの波動関数をϕ_B^2とする。次に、AとBの位置が入れかわった時の波動関数をϕ_A^2とϕ_B^1とする。$\phi_A^1\phi_B^2 = \phi_A^2\phi_B^1$となるなら、粒子AとBはボーズ粒子、$\phi_A^1\phi_B^2 = -\phi_A^2\phi_B^1$なら、粒子AとBはフェルミ粒子とよばれる。ボーズ粒子には、光子や、中間子、ヒッグズ粒子が含まれ、フェルミ粒子には電子や陽子、中性子、ニュートリノなどが含まれる。

ボーズ粒子の特徴は、上の式で示されるように、一つの系において、2つの粒子が同じ波動関数をとることが出来る、言い換えれば、ある状態の粒子が複数個存在しうるということである。これとは逆に、フェルミ粒子は、上の式より、一つの系において、2つの粒子が同じ波動関数をとることが出来ない。つまり、ある状態の粒子は、ただ一つしか存在しえないということである。分かりやすく言えば、図の(2)のように、ボーズ粒子は、ある状態にいくつでも粒子が入ることが出来るが、フェルミ粒子はできない。第I巻で量子力学を学んだとき、ある電子の取る量子数の組み合わせと、同じ量子数の組み合わせを持つ電子は、一つの系内（原子内とすると、よく分かる）では存在しないとあった。これは、電子がフェルミ粒子であることによるわけである。

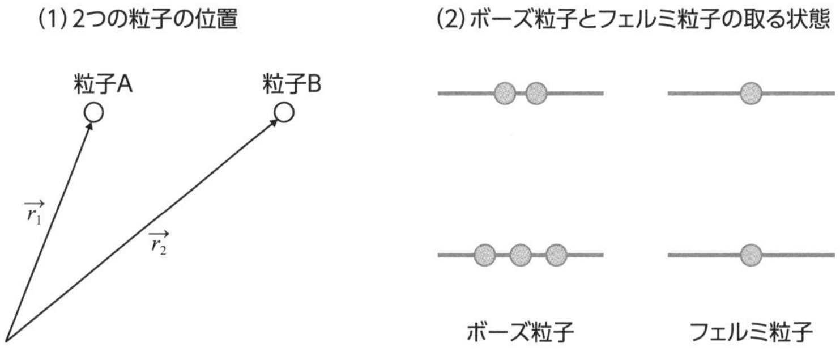

図11-4　ボーズ粒子とフェルミ粒子

固体内の電子の状態を考えるわけであるが、まず、自由に動くことが出来る自由電子について考える。自由電子の持つエネルギー(E) 分布は、次のフェルミ分布に従う。

$$f(E) = \frac{1}{1 + \exp\left(\frac{E-\mu}{k_B T}\right)}$$

図11-5に分布の様子を示す。縦軸は、粒子の存在確率、横軸は、粒子の持つエネルギー(E) である。μは粒子の持つ化学ポテンシャルである。化学ポテンシャルというと難しいが、要するに、量子論的に計算される電子の軌道エネルギーと考えればよい。

フェルミ分布では、T=0 Kにおいて、粒子は、自身が持つ化学ポテンシャルまでは、確率1で存在し、これを超えるエネルギーの領域には存在しない。ところが、温度が上昇するに伴い、周囲のエネルギーを受けて、化学ポテンシャルを超えるエネルギー領域にも存在する確率を持つようになる。固体では、このμをフェルミエネルギー(E_F) とよぶことが多い。フェルミエネルギーの位置をフェルミ準位とよぶことも多い。単位体積当たりの電子数をn、電子の質量をm_eとすると、

$$E_F = \frac{1}{2m_e}\left(\frac{3h^3}{8\pi}n\right)^{\frac{2}{3}}$$

となる。nをキャリア濃度とよぶことが多い。フェルミエネルギー(E_F) をボルツマン定数 (k_B) により温度に換算した値 (T_f) をフェルミ温度という。

$$E_F = k_B T_f$$

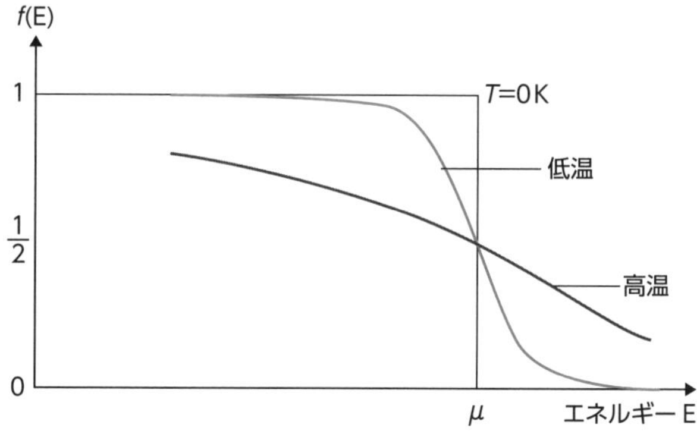

図11-5　フェルミ粒子

POINT

フェルミ分布の意味を理解する。

例題 11-4

Cuのフェルミ温度は80400 Kである。$m_e = 9.1 \times 10^{-31}$ kg、$h = 6.6 \times 10^{-34}$ Js、$k_B = 1.38 \times 10^{-23}$ J/Kを用いて、Cuのキャリア濃度を求めよ。

解答

まず、フェルミエネルギーを求める。

$$E_F = k_B T_f = 1.38 \times 10^{-23} \times 80400 \approx 1.11 \times 10^{-18} J$$

フェルミエネルギーの定義式

$$E_F = \frac{1}{2m_e}\left(\frac{3h^3}{8\pi}n\right)^{\frac{2}{3}}$$

に入れて、

$$1.11 \times 10^{-18} = \frac{1}{2 \times 9.1 \times 10^{-31}}\left(\frac{3 \times (6.6 \times 10^{-34})^3}{8\pi}n\right)^{\frac{2}{3}}$$

$$n \approx 8.4 \times 10^{28} m^{-3}$$

となる。電子比熱C_V^eはフェルミ温度を用いて$C_V^e = \dfrac{\pi^2 N}{2T_f}k_B T$と表される。

Cuのフェルミ温度が80400 Kとあったように、金属のフェルミ温度は、一般に高温である。Cu以外の金属についても、Alが135000 K、Agが63800 Kとなっている。C_V^eでは、フェルミ温度の項が分母にあるため、固体の比熱に対する電子比熱の寄与は、ほとんど無視してよいレベルにある。このような理由で、固体の比熱は、一般に、格子比熱だけで議論されるわけである。

CHAPTER 11

11-5　バンド理論

先のフェルミ分布では、自由電子について考えたが、実際の固体では原子核が存在し、その影響が電子に及ぶ。そこで、図11-6のような周期的にエネルギーの壁の現れる場を考える。このモデルをクローニッヒ-ペニーモデルという。このモデルではV=0の領域の中央に原子核があると考えればよい。電子が運動する際には、電子の持つエネルギーが、壁のポテンシャルV_0より影響を受けることになる。このモデルでの波動関数は、次のような形となる。

$$\psi_k(x) = u_k(x)e^{ikx}$$
$$u_k(x) = u_k(x + L)$$

ここで、L=a+bである。

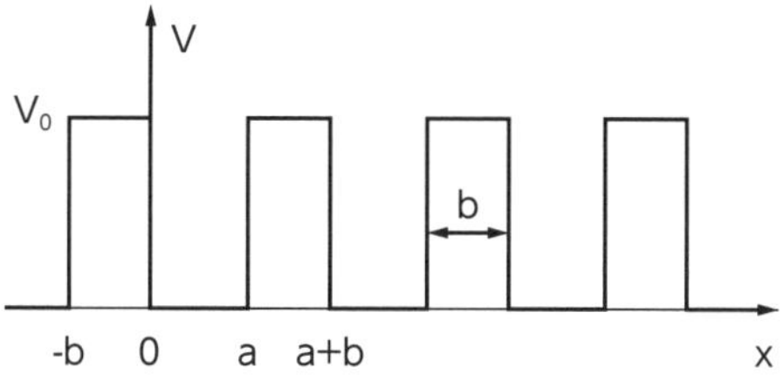

図11-6　クローニッヒ-ペニーモデル

2つ目の式は、原子が周期的に並んでいることを表している。この様に波動関数が表されることをブロッホの定理とよんでいる。このブロッホの定理をシュレーディンガー方程式に入れて解くと、

$$\frac{P}{\alpha a}\sin\alpha a + \cos\alpha a = \cos ka$$

$$P = \frac{m_e V_0 ab}{\hbar^2}$$

$$\alpha = \frac{\sqrt{2m_e E}}{\hbar}$$

を得る。Eは電子のエネルギー、m_eは電子の質量、kは波数である。この解は

図11-7のようになり、網がけした領域$\left(-1 \leq \dfrac{P}{\alpha a}\sin\alpha a + \cos\alpha a \leq 1\right)$に電子が存在できることを示している。電子の存在できる部分を許容帯、電子が存在できない部分を禁制帯とよぶ。

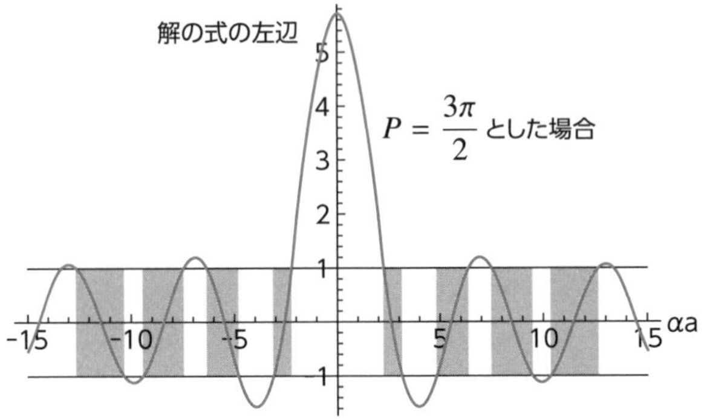

図11-7　クローニッヒ-ペニーモデルの解

図11-7の横軸は、電子の持つエネルギーと関係した値なので、定性的には図11-8のように書くこともできる。電子の存在できる許容帯と存在できない禁制帯が交互に現れる。このような固体内で電子の存在できる部分の分布に関する理論をバンド理論とよんでいる。また、許容帯の部分をバンド、禁制帯の部分をバンドギャップとよぶこともある。

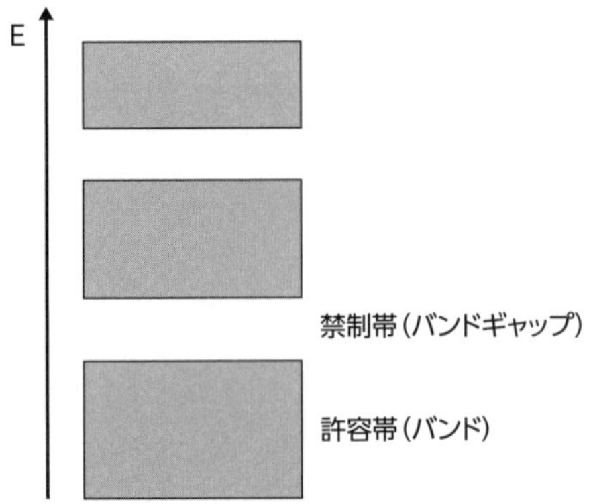

図11-8　バンドの様子

価電子の入るバンドを**価電子帯**とよび、価電子が励起されて移動すると電気が流れることになる。この電子が移動するバンドを**伝導帯**とよぶ。図11-9に導体と不導体（絶縁体）のバンドを示している。導体は、フェルミ準位が価電子帯の存在するバンド中にある。電子は容易に移動することが出来る。これに対し、不導体では、価電子帯と伝導帯は禁制帯により分けられており、しかも、禁制帯の幅（バンドギャップ）が大きい。フェルミエネルギーも禁制帯の中にある。このため、容易には価電子帯から伝導帯に電子を励起できない。このため、不導体では電気が流れないわけである。

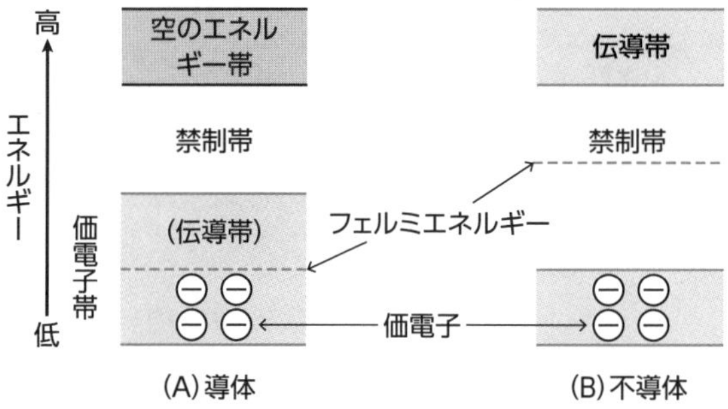

図11-9　導体と不導体のバンド

POINT

バンドとフェルミ分布の関連性を理解する。

例題 11-5

電子のフェルミ分布により、導体で電気が流れ、不導体では流れない理由を説明せよ。

解答

図11-10を用いて説明する。フェルミ分布（A）と導体（B）及び不導体（C）のバンドの配置が示されている。導体（B）では、価電子帯の存在するバンドの中に、フェルミエネルギーが存在するので、バンドギャップなしに伝導帯がつながっている。T＞0Kの場合、図（B）のように、伝導帯にすでに電子が存在することになり、容易に電気が流れるわけである。これに対して、不導体（C）

では、バンドギャップ内にフェルミエネルギーが存在し、バンドギャップが大きいため、T＞0Kの場合でも、ほとんど、価電子帯から伝導帯に電子は励起されていない。このため、容易に電気は流れない。

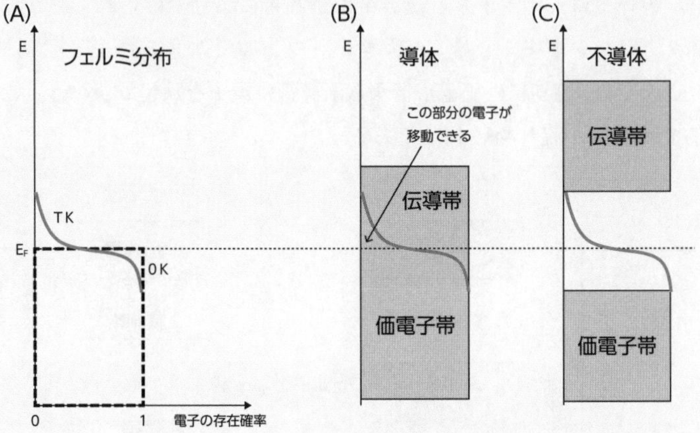

図11-10　フェルミ分布と導体および不導体のバンド

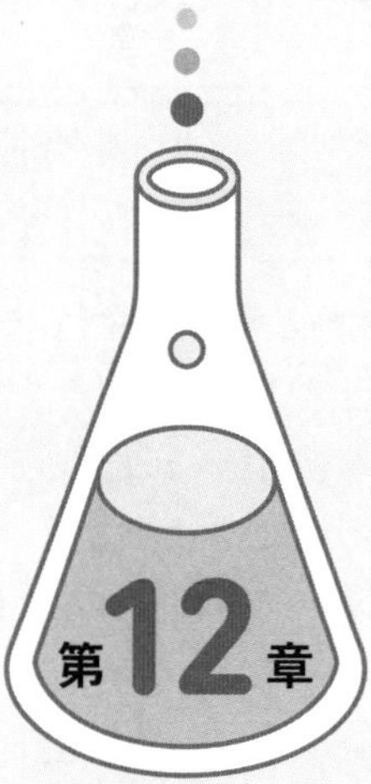

材料物性1：半導体

本章で学ぶ内容

1. 半導体の基礎
2. 半導体のバンド
3. p-n接合とダイオード
4. 光触媒、超伝導物質、イオン伝導体

第11章までで、固体の基礎を学んだので、本章からは、固体の性質（物性という）と物性に基づく応用について学ぶ。本章では、まず、半導体を取り上げる。半導体は、身の回りにある家電製品にも多数使われており、生活になくてはならない材料である。しかし、「半導体とはどのようなものか」と問われたときに、すぐに、答えられるだろうか。本章では、この問いに答える知識を半導体の原理をバンドにより解説する。少なくとも、また、本章の後半で、光触媒、超伝導物質についても基礎的な事項の解説を行う。半導体を含め、これらの材料の具体的な結晶構造と物性を示す機構や応用に関しては、本書より進んだ分野となるので、さらに進んだテキストで学んでほしい。

12-1　半導体とは何か

半導体とは、電気伝導率が導体と不導体の中間的な性質をもつ物質である。では、中間的な性質とはどのような性質なのか、また、どうしてそのような性質が現れるのかを見ていく。現在、様々な組成を持つ半導体が開発されているが、最も基礎となる物質はSiである。まず、Siについて見ていくことにする。

半導体に限らず、固体物性を扱う際にバルクと表面あるいは界面という言葉をよく使う。界面は固相や液相が、他の相と接している境界面のことで、接している相が気相（真空でもよい）の場合を表面という。また、バルクとは、界面以外の物質本体のことである。一般に、界面の物性はバルクの物性と異なることが知られている。本章では、基礎的な物性の理解のためバルクの物性を解説することとする。

不純物が含まれていない半導体を、材料面から単体の半導体とよび、電気的な特性から真性半導体とよぶ。まず、一般的な単体の半導体のバンド（バルク）を図12-1（A）に示す。価電子帯と伝導帯の間のバンドギャップの中央にフェルミ準位が存在する構造になる。第11章で見た不導体の構造によく似ているが、半導体の場合は、バンドギャップの大きさが不導体よりも小さい。Siの場合は、1eV程度となる。このため、T＞0Kでは、図の（B）のように、価電子帯の一部の電子が、伝導帯に移動する。このため、電気伝導が生じるわけである。価電子帯から電子が移動すると、価電子帯に電子の空席が出来る。この空席は正の電荷をもつので正孔（ホール）とよぶ。また、伝導帯に移動した電子を伝導電子とよぶ。電気伝導には、伝導電子だけでなく正孔も関係し、両者を合わせてキャリアとよぶ。

また、図12-1のようにバンドの最低及び最高エネルギーが一定値である状態のバンドをフラットバンドとよんでいる。

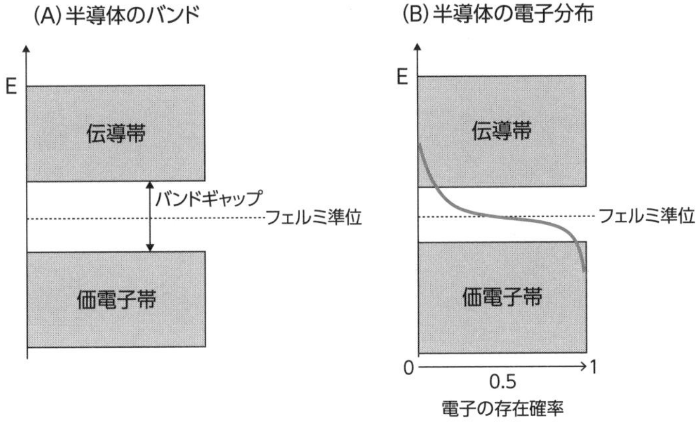
(A)半導体のバンド
E
伝導帯
バンドギャップ
フェルミ準位
価電子帯
(B)半導体の電子分布
E
伝導帯
フェルミ準位
価電子帯
0
1
0.5
電子の存在確率

図12-1　半導体の構造

12-2 Siのバンド

半導体の基本的な物性はフラットバンドを用いたモデルで十分理解できるが、バンド理論では逆格子空間でのバンドを考えることが一般的である。そこで、本章でも、逆格子空間でのバンドについても、簡単に解説をする。

図12-2に、電子のエネルギーと波数(k)の関係を示す。エネルギーが最も小さいバンドが第1ブリュアンゾーン(第1ブリルアンゾーン)であり、バンドギャップを挟んで、その外に第2ブリュアンゾーンさらに、第3ブリュアンゾーンのように広がっていく。この様な図を拡張ゾーンとよぶ。

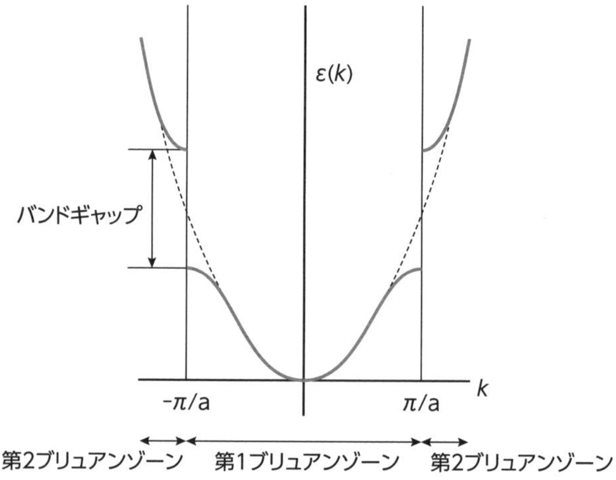

図12-2　拡張ゾーンでのバンド

周期条件があるので、全てのバンドを第1ブリュアンゾーンの中に平行移動して書き込むことが出来る。これを還元ゾーン(図12-3)とよび、複数の曲線からなる図12-3のような形のものが、バンド構造として一般的に見る図となる。

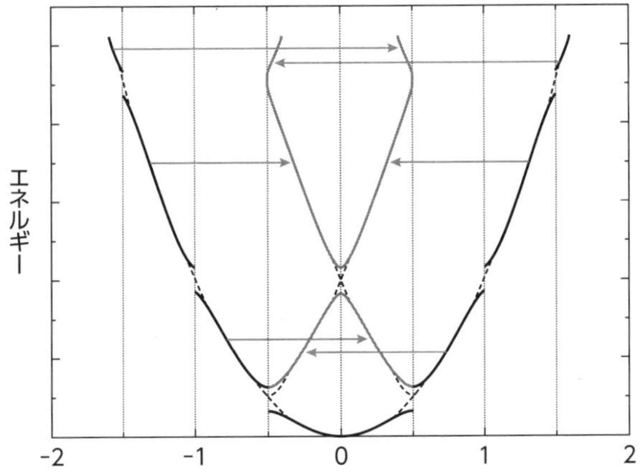

図12-3　還元ゾーンでのバンド

Siの第1ブリュアンゾーンを図12-4に示す。Siは面心立方格子構造なので逆格子は体心立方格子構造をとる。原点から逆格子空間の格子点まで引いた線を垂直二等分にする面で囲まれた部分が図のような第1ブリュアンゾーンとなる。図中の記号は、対称性の良い点で、バンド構造の計算の際に重要な位置となる。これらの対称点と、その周囲のエネルギーを計算して、図12-5のようなバンド構造が得られる。エネルギー0は、フェルミ準位である。価電子帯の頂点と伝導帯の底の位置がずれていることが分かる。両者のエネルギー差を見ると、バンドギャップは0.3eV程度と小さいが、実際には、1.1eV程度である。これは、理論計算での近似法の改良の必要があることを示している。実際、Siでは、電子遷移は図12-5の矢印の方向に起こる。このためSiは間接遷移型半導体とよばれる。これに対し、価電子帯の頂点と伝導帯の底の波数が同じものを直接遷移型半導体（例：GaAs）とよぶ。このように、逆格子空間でのバンド構造を知ることで、半導体の遷移や、第15章の炭素材料の項で示すようなディラック電子の存在などの物性の特徴を知ることが出来る。

物性解析において、バンド計算は重要な情報を得るための手法である。この様な計算は**密度汎関数法**のような量子計算により行われる。密度汎関数法の簡単な解説は、第15章で行う。

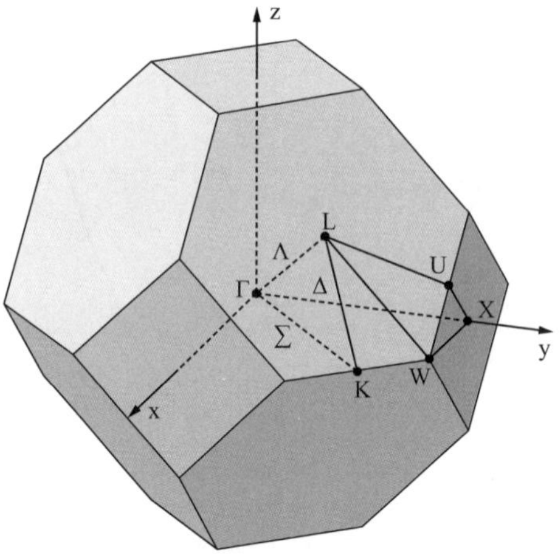

図12-4　Siのブリュアンゾーン

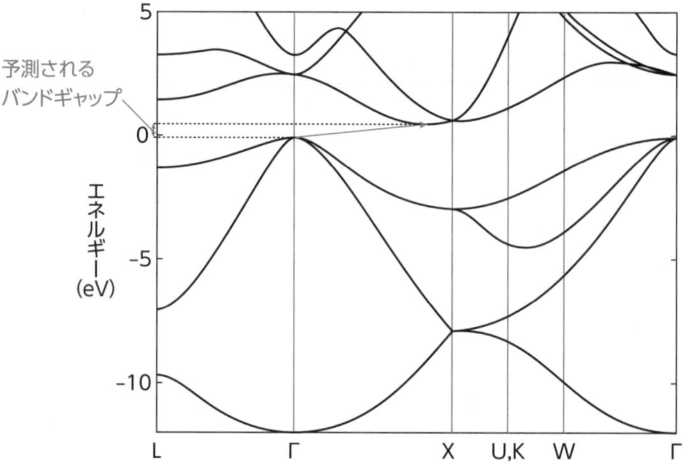

図12-5　逆格子空間におけるSiのバンド

CHAPTER 12

12-3　p型およびn型半導体

現在、半導体素子としては、化合物半導体がよく使われる。電気的な特性から不純物半導体とも呼ばれる。本章では、基礎的事項を理解することが目的であるので、最も基本的なSiに不純物を混ぜた（ドープした）半導体について、フラットバンドを用いた解説をおこなう。

p型半導体、n型半導体という言葉を聞いたことがあると思う。図12-6を見て頂きたい。Siは原子価が4である。ここに、Pのように原子価が5の元素を少量ドープすると、図12-6Bのように過剰の電子が生じる。また、図12-6CのようにBなどの原子価が3の元素をドープすると、電子が不足した点（正孔）が生じる。

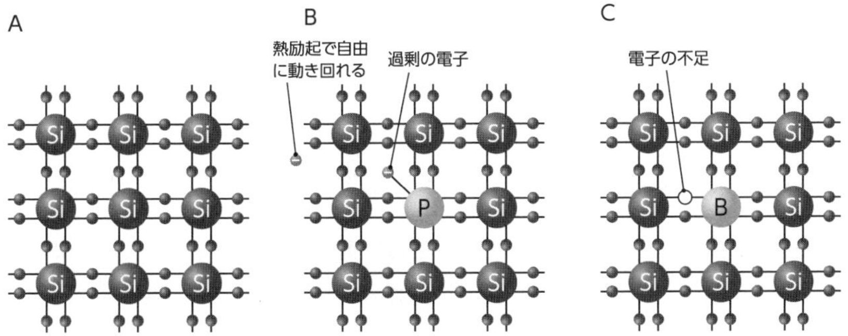

何も加えない状態のシリコン（真性半導体）　n型半導体（リンPを加えた場合）　p型半導体（ホウ素Bを加えた場合）

図12-6　p型およびn型半導体

図12-7Aは真正半導体でE_iがE_F（フェルミ準位）となる。これが、n型半導体になると、過剰な電子によるドナー準位（E_cよりE_d低いエネルギーを持つ）は発生し、少しの熱エネルギーによりドナー準位から伝導帯に電子が励起し、伝導度があがる。また、p型半導体では、正孔によりアクセプター準位（E_vよりE_a高いエネルギーを持つ）が発生する。少しの熱エネルギーで価電子帯からアクセプター準位に電子が励起するので、価電子帯に、さらに多くの正孔が発生し、正孔に移動により伝導度があがる。

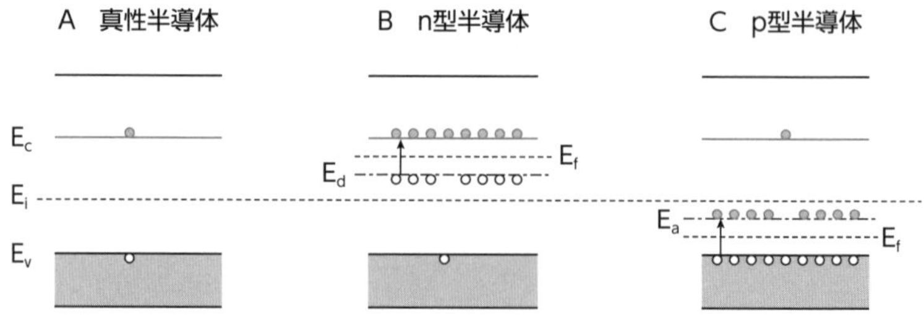

図12-7　p型およびn型半導体のバンド

$E_C - E_V = E_g$（バンドギャップのエネルギー）とすると、真性半導体及びn型半導体の電気伝導度（σ）温度依存性は図12-8のようになる。電気伝導度はキャリア濃度に比例し、真性半導体のキャリア濃度は$\exp\left(-\frac{E_g}{2k_BT}\right)$に比例するので、グラフの傾きは$-\frac{E_g}{2k_B}$となる。同様に、n型半導体では、低温においてはドナー準位より電子が供給されるため、キャリア濃度は$\exp\left(-\frac{E_d}{2k_BT}\right)$に比例する。p型半導体の場合は、キャリア濃度は$\exp\left(-\frac{E_a}{2k_BT}\right)$に比例する。温度上昇に伴い、ドナー準位の全電子が励起するため、過渡状態の出払い領域を経て、価電子帯から伝導帯に電子が励起する真性領域に移る。真性領域では、真性半導体と同じくキャリア濃度は$\exp\left(-\frac{E_g}{2k_BT}\right)$に比例する。p型半導体でも同じである。このため、図12-8にあるようなグラフの傾きとなる。

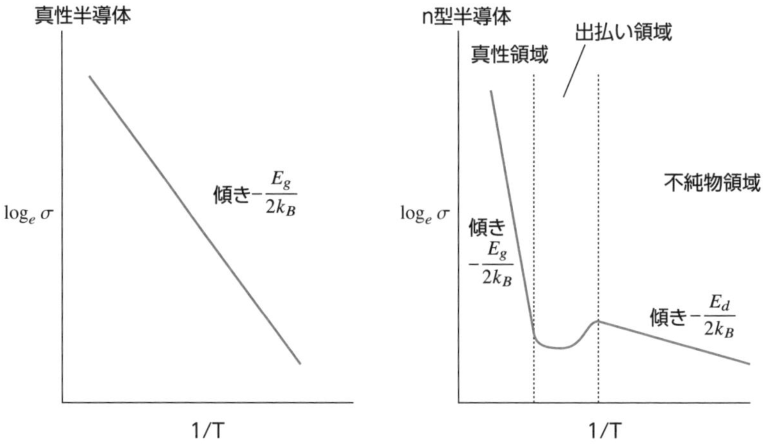

図12-8　半導体の電気伝導度

例題12-1

n型半導体において、ドナー準位の深さ (E_d) を求める方法を説明せよ。

解答

まず、温度を変化させつつ半導体の電気伝導度を測定する。電気伝導度の自然対数を縦軸に、温度の逆数を横軸にとり、グラフを作成する。図12-9を参考に、不純物領域のグラフの傾きをもとめ、この値が$-\frac{E_d}{2k_B}$となることより、ドナー準位の深さを求める。

12-4 p-n接合

半導体結晶の中でp型半導体とn型半導体が接している構造をp-n接合という。接合面付近では、p型半導体中の正孔と、n型半導体中の電子が結びつくため、キャリアの存在しない空乏層とよばれる空間が存在する（図12-10 A）。バンドがどのようになっているかを図12-10 Bに示す。この構造があるため、p-n接合半導体は、以下の機構により整流作用を示すことが出来る。また、p型半導体とn型半導体のE_C（E_Vも同じ）の差Eを内蔵電位という。

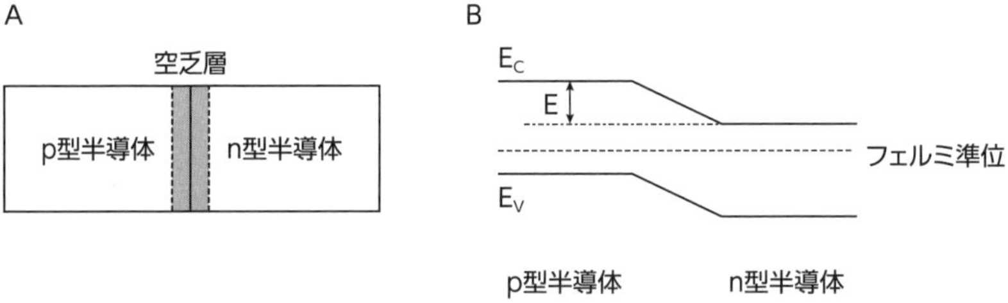

図12-9　p-n接合

図12-10Aのように、p型半導体にプラス、n型半導体にマイナスの電位をかけることを順方向バイアスという。順方向バイアスでは、内臓電位が小さくなり、キャリアの移動が可能となる。逆に、図12-10Bのように、p型半導体にマイナス、n型半導体にプラスの電位をかけることを逆方向バイアスという。逆方向バイアスでは、内蔵電位が大きくなり、電子もしくは正孔が隣の半導体に流れることが難しくなる。順バイアスの場合、価電子帯もしくは伝導帯の高さの差が小さくなり、キャリアの移動が容易になる。このため、ある値以上の順方向バイアスをかけると、p型半導体からn型半導体方向に電流が良好に流れるようになる（図12-10C）。図12-10Cでは、順方向バイアスを正としている。このように、一定方向に電流が流れるように調整する作用を整流作用という。p-n接合では、上記のような機構で整流作用を示す。また、図12-10Cのように、逆方向バイアスの大きさをどんどん大きくすると、急に電流が流れだす。この電位を降伏電圧とよんでいる。以上の性質を利用して、ダイオードやトランジスタといった電気素子に半導体が利用されている。

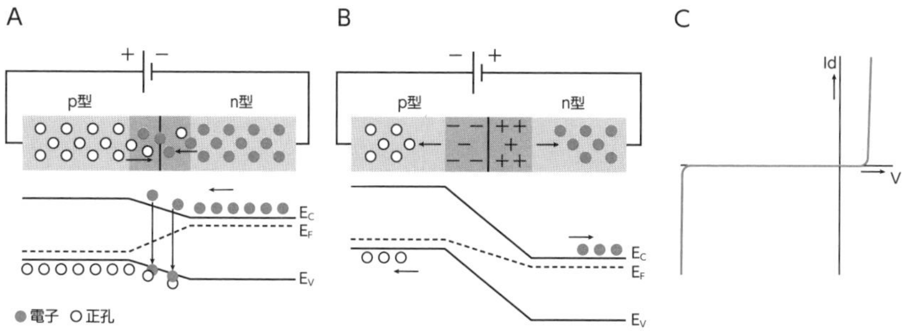

図12-10　p-n接合による整流作用

例題12-2

LED（発光ダイオード）も基本的にはp-n接合半導体である。発光の機構を調べよ。

解答

図12-10にあるように、p-n接合半導体に順方向バイアスをかけると電流が流れる。この時、フェルミ準位にも図12-11のように変化が起き、空乏層で正孔と電子の再結合が起こる。再結合の際に光が放出される。材料により発光の波長や強度が異なるので、必要な波長の光を出す材料の開発が重要である。

また、この光を共振器で増幅して取り出すようにしたものが**半導体レーザー**である。

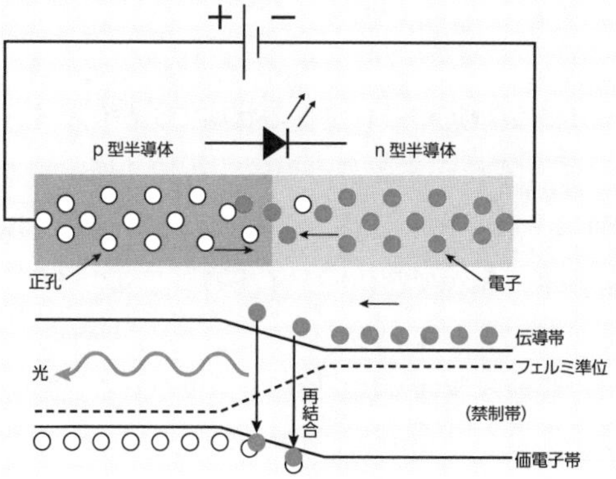

図12-11　LEDの仕組み

12-5　光触媒と超伝導

半導体ではないが、価電子帯と伝導帯間の電子の励起により機能を発揮する物質に**光触媒**がある。光触媒の代表的な物質としてTiO_2がある。TiO_2のバンドギャップは3.2 eVであり、紫外線での励起が必要となる。価電子帯から、紫外線により電子が励起すると、正孔が価電子帯に生成する。励起した電子と正孔により活性酸素が発生し、汚れの分解や殺菌などの作用を示すとされている。現在、材料を工夫し可視光領域で作用を示す光触媒の研究が進んでいる。

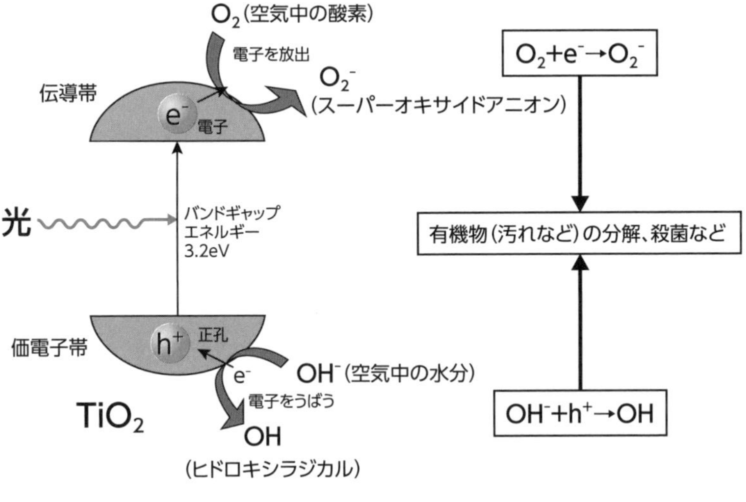

図12-12　光触媒

超伝導とは物質の電気抵抗がゼロである状態で、超伝導を示す物質を用いることで、電力をロスなく使うことが出来る。表12-1に示すように、極低温で超伝導を示す物質は多数存在するが、液体窒素温度（77K）以上で超伝導を示す物質は少ない。現在、室温で超伝導を示す物質を見つけることが、材料分野でも重要な目標の一つとなっている。

超伝導体には**第１種超伝導体**と**第２種超伝導体**がある。第1種超伝導体では、超電導状態にある材料に、磁場の強さを変化させてかけたとき、磁場が弱いときは**マイスナー効果**で外部磁場を遮断するが、ある磁場の強さをこえると、急に、マイスナー効果が消失する。マイスナー効果の消失した状態を常伝導という。また、この消失する際の地場の強さを臨界磁場という。第2種超伝導体では、明確な臨界磁場は存在せず、磁場の強さの増加に伴い超電導と常伝導が混じった状態を経て、超電導から常伝導に変化する。 第2種超伝導体では、常伝導部が部分的に存在するため、磁場により空間にピンで止められたような状態となる。これをピン止め効果という。マイスナー効果だけでは、物体が浮かんでも、その位置は固定されず不安定な状態となる。ここにピン止め効果が加わることで空間で静止する。この状態を磁気浮揚とよび、この現象を応用したのがリニアモーターカーである。

単体からなる超伝導体の多くは第1種超伝導体となり、化合物や合金は第2種超伝導体となることが多い。

最初に超伝導が発見されたのは、1911年Hgの超伝導である。純粋なHgを冷却していくと4.19Kで超伝導がみられた。1953年にNb_3Snが17Kで超伝導を示すことが発見された。1986年にLa-Ba-Cu-Oペロブスカイト系の物質($La_{2-x}Ba_xCuO_{4-\delta}$)が比較的高い温度で超伝導を示すことが見つかってから、高温超伝導物質の研究が発展した。

これまでは、電子伝導を示す材料を扱ってきたが、イオンを伝導する材料イオン伝導体も存在する。イオン伝導体の例としては、層状構造を持つβ-アルミナや、格子欠陥を利用してイオンが動くジルコニアなどがある。これらの材料は、固体燃料電池の電解質として注目されている。

超伝導物質やイオン伝導体の構造や物性の詳細については、本書を終えて、さらに進んだ無機化学で学んでいただきたい。さらに進んだ無機化学のための参考書を参考文献に示す。

表12-1　代表的な超伝導物質

物質の種類	物質	臨界温度（K）	物質	臨界温度（K）
金属	Hg	4		
合金	Nb_3Ge	23.2	V_3Si	17
	Nb_3Sn	18	V_3Ga	16.5
	Nb_3Al	17.5	NbN	16
銅を含まない酸化物	$LiTi_2O_4$	12	$BaPb_{0.75}Bi_{0.25}O_3$	13
			$Ba_{0.6}K_{0.4}BiO_3$	30
銅酸化物	$La_{1.85}Sr_{0.15}CuO_4$	40	$Tl_2Ba_2CuO_6$	80
	$YBa_2Cu_3O_7$	93	$Tl_2Ba_2CaCu_2O_8$	105
	$Bi_2Sr_2Ca_2Cu_3O_{10}$	110	$Tl_2Ba_2Ca_2Cu_3O_{10}$	125
	$HgBa_2Ca_2Cu_3O_{10}$	138	$Tl_2Ba_2Ca_3Cu_4O_{12}$	115
	Sr_2CuO_4	1.5		
その他	YNiB2C	15.5	$LaO_{1-x}FFeAs$	28
	MgB_2	39	$SmO_{1-x}FFeAs$	55

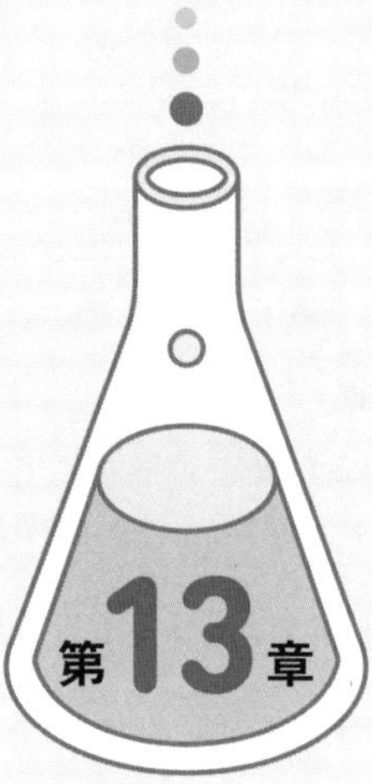

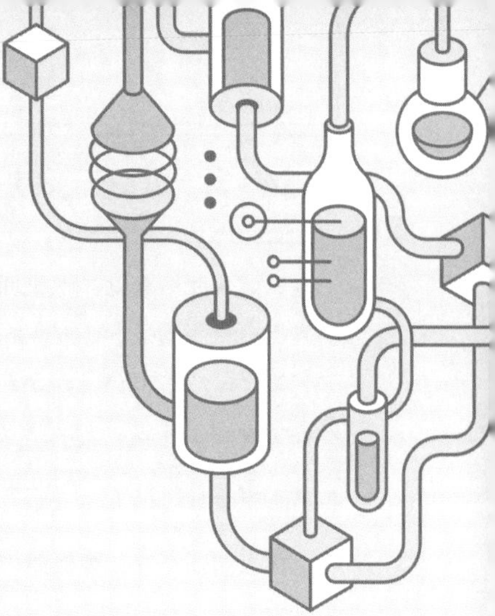

第13章

材料物性2：誘電体と磁性体

本章で学ぶ内容

1. 誘電体の基礎
2. 磁場
3. 磁性体の基礎

第12章では、主に半導体について学んだ。本章では、半導体と同様に重要な誘電体と磁性体について学ぶ。磁性体はメモリーなどに利用され、今日の情報社会を支える重要な材料である。誘電体についても、電子材料として重要なもので、これらの材料の基礎を知ることは、無機化学において必須のことと思われる。誘電現象と磁性は高校物理で学ぶが、最近は、物理を履修していない学生も増えており、本章では、高校物理の復習も必要に応じて行い、誘電体と磁性体の理解の助けとするつもりであり、高校物理を十分理解している読者は、この部分は読み飛ばしていただきたい。

13-1　コンデンサー

コンデンサーとは、電気回路および電子回路に組み込まれる「電荷の蓄積及び放出を行う素子」でありキャパシターともよばれる。図13-1Aのように、コンデンサーに電位（V）がかかると極板に電荷（Q）が蓄積される。コンデンサーの容量をCとするとQ=CVが成り立つ。この時、コンデンサーに蓄えられるエネルギー（U）は$U = \frac{1}{2}QV = \frac{1}{2}CV^2$となる。Cの単位はF（ファラッド）である。極板間隔をd、極板間の電場の強さをEとするとV=Edとなる。

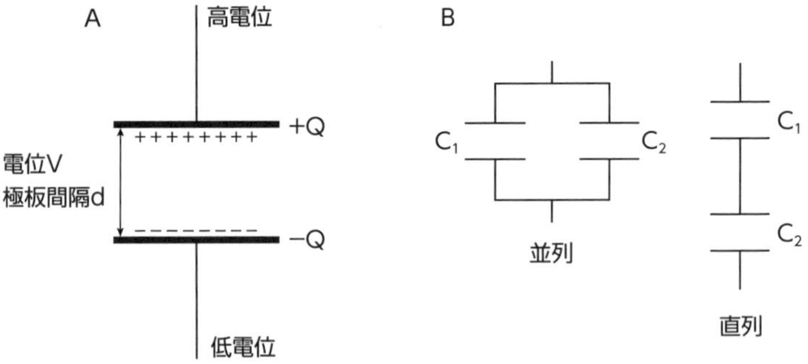

図13-1　コンデンサー

図13-1Bのように、容量C_1とC_2の2個のコンデンサーを並列に繋いだ場合の合成容量Cは$C = C_1 + C_2$となり、直列に繋いだ場合の合成容量Cは$\frac{1}{C} = \frac{1}{C_1} + \frac{1}{C_2}$となる。

図13-2Aのように、導体を極板の間に入れると自由電子の移動が起こり、高電位側にマイナス電荷が、低電位側にプラス電荷が現れる。これを**静電分極**という。静電分極が起こると、導体内部の電場は打ち消されゼロとなる。このため、導体を挿入したコンデンサーの容量は、導体の上面と下面が極板となった2つの薄いコンデンサーが直列につながった図13-2Bのコンデンサーの合成容量と等価になる。

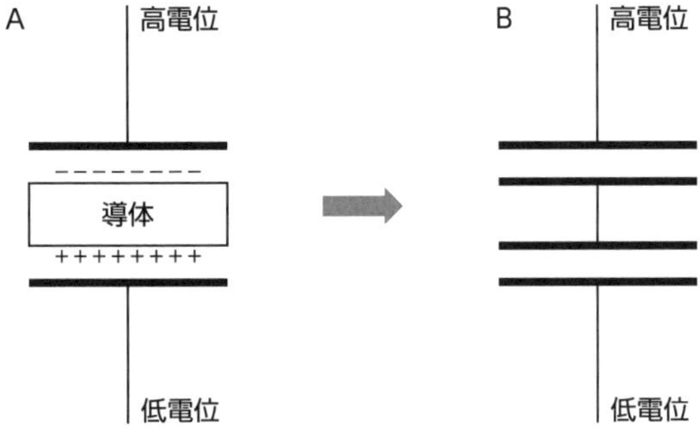

図13-2　静電誘導

極板の間に導体の代わりに誘電体を入れるとどうなるだろうか。誘電体とは、直流電流に対して不導体（絶縁体）として振舞うもので、これまで不導体（絶縁体）とよんできたものと同じであると考えてよい。誘電体の中で、誘電分極（後で説明する）の生じる程度を表す係数として**誘電率**がある。誘電率の値は、物質固有のものである。図13-3Aのように、極板間（距離d）に、誘電率εの誘電体（極板と接する面積S、厚さd）を挿入したとする。また、誘電体と極板の間に隙間はないとすると、このコンデンサーの容量（C）は

$C = \varepsilon \dfrac{S}{d} = \varepsilon_r \varepsilon_0 \dfrac{S}{d}$, $\varepsilon_r = \dfrac{\varepsilon}{\varepsilon_0}$となる。$\varepsilon_0$は真空の誘電率、$\varepsilon_r$は比誘電率である。

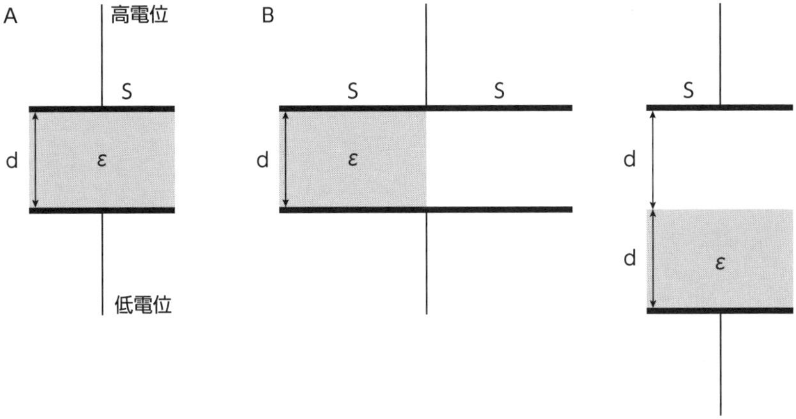

図13-3　誘電体の挿入

例題 13-1

図13-3Bに2種類の誘電体を挿入したコンデンサーを示す。1は極板面積が2S、極板間隔dで、左半分に誘電率 ε の誘電体を挿入したもので、2は極板面積がS、極板間隔2dで、下半分に誘電率 ε の誘電体を挿入したものである。この二つの合成容量を求めよ。

解答

図13-4のように、1は並列のコンデンサー、2は直列のコンデンサーと考えることが出来る。誘電体の挿入されたコンデンサー容量 C_1 は $C_1 = \varepsilon\dfrac{S}{d}$、誘電体が挿入されていないコンデンサー容量 C_2 は $C_2 = \varepsilon_0\dfrac{S}{d}$ なので、

1の容量 (C') は $C' = (\varepsilon_0 + \varepsilon)\dfrac{S}{d}$、2の容量（C"）は

$$\frac{1}{C''} = \frac{d}{\varepsilon S} + \frac{d}{\varepsilon_0 S} = \frac{(\varepsilon + \varepsilon_0)d}{\varepsilon\varepsilon_0 S} \therefore C'' = \frac{\varepsilon\varepsilon_0 S}{(\varepsilon + \varepsilon_0)d}$$

となる。

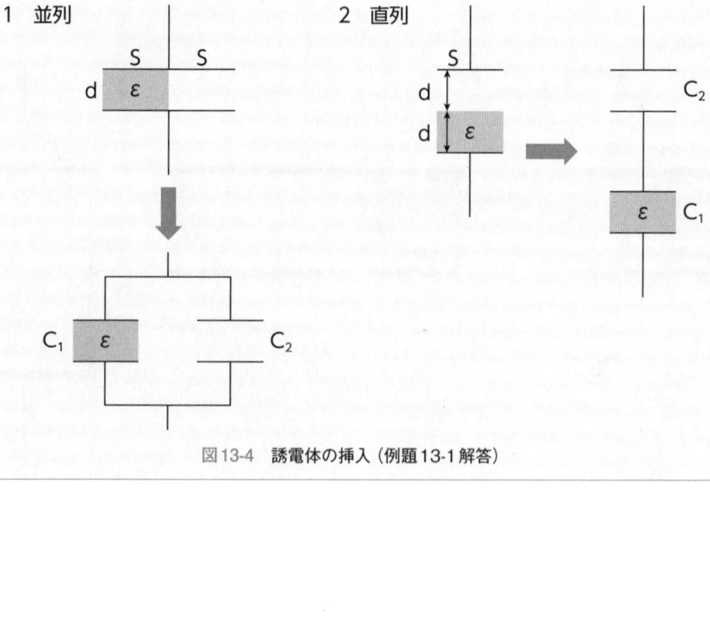

図13-4　誘電体の挿入（例題13-1解答）

CHAPTER 13

13-2　誘電分極

誘電分極は、図13-5に示す3種類の分極機構により発生する。まず、原子レベルでみると、電場により図13-5Aのように、プラスの重心とマイナスの重心にずれが生じる。この様にして発生する分極を**電子分極**とよぶ。イオン性結晶では、図13-5Bのように、電場により格子にゆがみが生じる。このようにして発生する分極を**イオン分極**もしくは**原子分極**とよぶ。また、図13-5Cのようにもともと分子内に電荷の偏りがあり分極している物質も存在する。この様な分子は多数存在し、例えば、H_2O、HClなどが、このような分子にあたる。この分子が多数集まると、分子の方向が揃わずバラバラな方向をとるため、分極方向もランダムとなり、全体として分極していないように見える。この状態で、電場をかけると、その分極方向がそろい、全体としても分極したようになる。この様な分極を**配向分極**という。

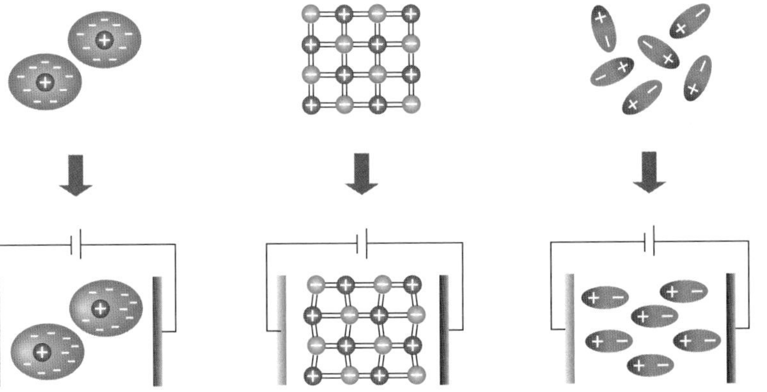

A　電子分極　　B　イオン分極　　C　配向分極

図13-5　誘電分極

例題13-2

コンデンサーの極板間に誘電体を挿入したとき、誘電体では、極板と向き合う面にしか電荷は現れない。この理由を説明せよ。

解答

図13-6に示すように、誘電体は、上記の3つの分極機構のいくつかにより分極した部分構造の集合体とみてよい。分極した部分構造は、図13-6にあるように、プラスとマイナスが向き合っており、表面以外では、電荷を互いに打ち消しあっている。このため、誘電体では、電極と向き合う面にしか電荷が現れない。

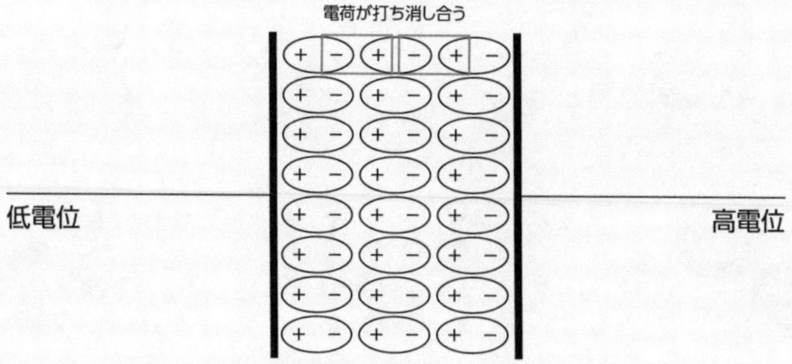

図13-6　誘電体の分極

CHAPTER 13

13-3　強誘電体

誘電体とは、13-1でも説明したが、直流電流に対して絶縁体として振舞う物質で、様々な物質がこれにあたる。身近なもので言うと、プラスチック類、セラミックス（焼き物を思い浮かべればいい）、ガラスなどがある。誘電体に交流電流を流した時には、電流が流れる。ただし、交流を流した場合、誘電体内で熱が発生し、電気エネルギーの一部が失われる。この現象を**誘電損失**という。誘電体をその物性で分類すると次のようになる。誘電体には、主に常誘電体と強誘電体がある。

常誘電体とは、比誘電率が低く（100以下が多い）、誘電損失も少ない誘電体で、電場を除くと、分極がゼロになるもので、酸化アルミニウム（Al_2O_3）やプラスチックなどがある。

強誘電体とは、比誘電率は高いが、誘電損失が大きな誘電体で、電場を除いた後でも分極が残り、逆方向の電場をかけたとき分極が逆転する特性を持っている。この理由は結晶格子にひずみがあり、電気的なバランスが崩れているためと言われている。この性質により、強誘電体では図13-7Aに示すようなヒステリシスループがみられる。図13-7Bはループの概念図である。強誘電体には、チタン酸バリウム（$BaTiO_3$）やチタン酸ジルコン酸鉛（$Pb(Zr_{0.48}Ti_{0.52})O_3$）などがある。

強誘電体以外でも、電場をゼロにしたときに分極している物質に**焦電体**がある。焦電体は温度を変化させたときに、表面に電荷を生じる性質（焦電性）を持っている。焦電体にはトルマリン（電気石ともよばれる）や酒石酸がある。焦電体は、次に紹介する圧電性も持っている。また、強誘電体は、焦電性を持っている。

圧電体とは、応力（外力に応じて、内部に生じる力）を加えると電荷を生じる性質（圧電性）を示す物質である。圧電体には、焦電体であるトルマリンや石英、トパーズのような鉱物、チタン酸バリウム（$BaTiO_3$）やチタン酸鉛（$PbTiO_3$）、酸化亜鉛（ZnO）などがある。

強誘電体は、コンデンサー、不揮発メモリーに利用されるほか、各種センサー、アクチュエーターなどへの応用も検討されている。

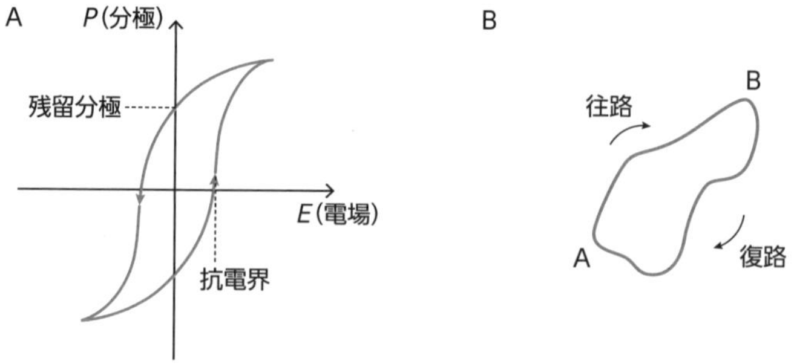

図13-7　強誘電体のヒステリシスループ

例題13-3

チタン酸バリウムが電場ゼロでも分極を示す理由を調べよ。

参考：http://www.d-nanodev.riec.tohoku.ac.jp/subcontents/contents_102.html

解答

図13-8にチタン酸バリウムの結晶構造を示す。Tiが中心より少しずれているため、電場がなくても分極が生じる。この性質を**自発分極**という。

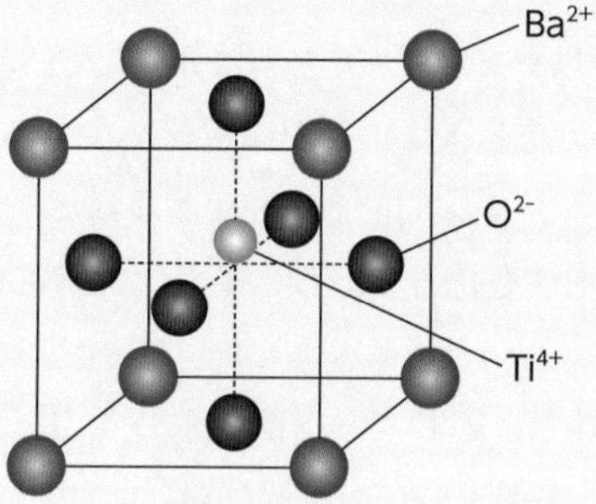

図13-8　チタン酸バリウム

CHAPTER 13

13-4　磁性-簡単な電磁気学の復習[注1]

磁性を考えるときに、まず、重要となる量が磁束密度$\vec{B}$ [N・A^{-1}・m^{-1}もしくはT (テスラ)、Wb・m^{-2}という場合もある (Wbはウェーバ)]である。磁束密度とは、少し正確性を欠くが、単位面積を通る磁力線の数とすればイメージできると思う。磁場の強さ$\vec{H}$ (A・m^{-1}) と磁束密度は$\vec{B} = \mu_0\vec{H}$という関係がある。ここで、μ_0は、真空の透磁率である。

磁場中に置かれたとき、磁化される (磁石のようになると考えればよい) 物質を「磁性を持つ物質」という。この磁化$\vec{M}$ (単位は磁束密度と同じ) は$\vec{M} = \chi\vec{H}$となる。ここで、χは磁化率である。以上より、物質の透磁率をμとして、物質中の磁束密度は$\vec{B} = \mu_0\vec{H} + \mu_0\vec{M} = \mu\vec{H}, \mu = (1 + \chi)\mu_0$という関係が成り立つ。

次に、電子はスピンをもち、スピン (正確には、スピン角運動量という) の大きさは$-\frac{\hbar}{2}, \frac{\hbar}{2}$の2種類しかない。

磁場中に物質を置くと、z方向に縮退していたエネルギー準位 (正確には角運動量エネルギー) が分裂する。これをゼーマン効果という (図13-9)。ゼーマン効果によりNMR (核磁気共鳴) やESR (電子スピン共鳴) の測定が可能となる。

また、上記のように、電子の軌道運動とスピンの両方で磁気モーメントが生じることが分かった。通常観測される物質の磁性は、ほとんどの場合、電子スピンによることも分かっている。また、スピンの方向は、スピンの回転軸が右ねじの軸と考え、その進む方向をスピンの方向として矢印で表す約束になっている。

注1　この項を、最初に読むときは用語が分かればよく、2回目以降で、理解できればいいと考えていただきたい。

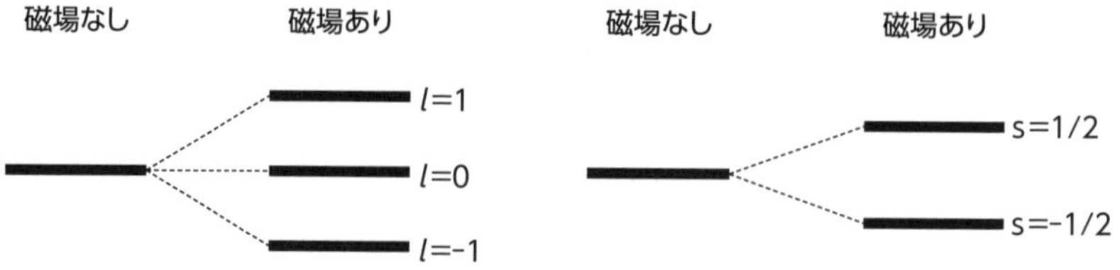

図13-9　ゼーマン効果

例題 13-4

地球の磁気の由来を調べよ。

解答

例えば、http://wdc.kugi.kyoto-u.ac.jp/stern-j/dynamos2_j.htm を参照。

地球内部のコアの運動が磁気の原因と言われているが、まだ、完全には解明されていない。

13-5　磁性の分類

無機物質の磁性は、主に、外角軌道の不対電子がd、f電子である場合、そのスピンと軌道運動により生じる。磁性は、図13-10に示すような6種類に分類される。この図では、簡単のために、1次元の配列として、電子のスピンを示している。

13-5-1　常磁性

図13-10(a)に示すように、磁場がないときは、スピンランダムな方向を向き、磁場がかかると整列し磁化するもので、この性質をもつ物質は常磁性体とよばれる。WやAlなどが常磁性体である。

常磁性体の磁化率は、隣接する不対電子間に相互作用がない場合は、キュリー則$\chi = \dfrac{C}{T}$（Cはキュリー定数）に従い、温度の逆数に比例する。隣接する不対電子間に相互作用が存在する場合は、キュリー・ワイス則$\chi = \dfrac{C}{T-\theta}$（$\theta$はワイス定数）に従う。

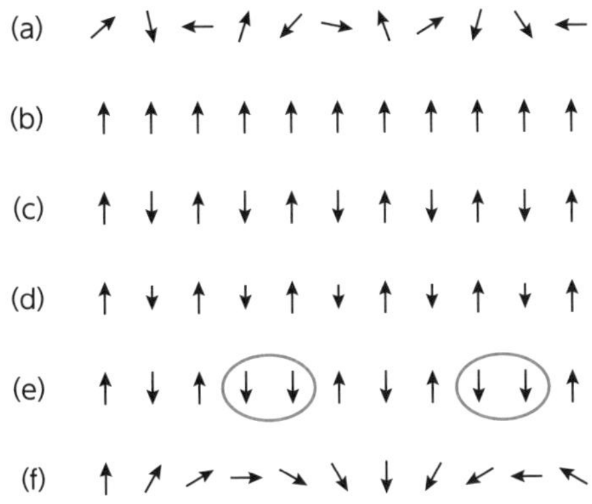

図13-10　磁性の分類

13-5-2　強磁性

図13-10(b)に示すように、磁場の有無に関係なくスピンが整列し磁化して

いる性質で、この性質を持つ物質は強磁性体とよばれ、永久磁石に用いられる。Fe、Co、Niとその合金などがこれにあたる。強磁性体に磁場が印加されたとき、強誘電体の場合と同じようにヒステリシスを示す。印加磁場の増加に従い磁束密度（磁化）が増加するが、ある値で飽和する。これを飽和磁束密度（飽和磁化）とよぶ。その後、磁場の印加をやめても磁束密度が残る。残った磁束密度を残留磁束密度（残留磁化）という。強誘電体の、残留磁束密度をゼロにするための外部磁場を保磁力という。

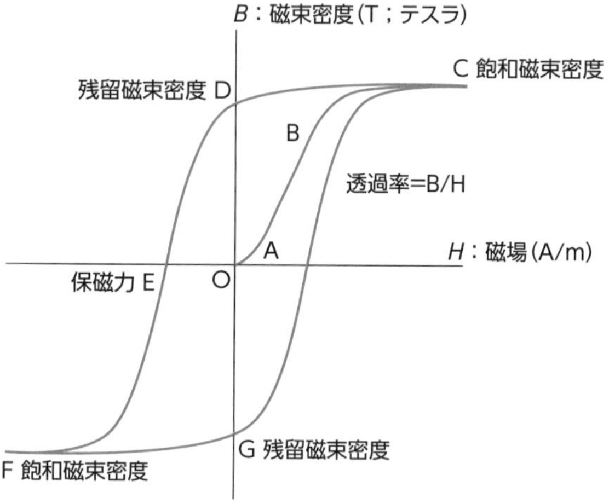

図13-11　強磁性体の磁気ヒステリシス

強磁性体として重要な物質にFe化合物であるフェライト類[MFe_2O_4；$M=Fe^{2+}, Ni^{2+}, Cu^{2+}, Mg^{2+}$]がある。フェライトは逆スピネル構造（図13-12）をとり、2価イオンは八面体位置を占める。Fe^{3+}は四面体および八面体の両サイトに分布する。フェライトには永久磁石に使われるものと、電磁石の芯に使われるものがある。前者を硬磁性材料、後者を軟磁性材料という。

13-5-3　反強磁性

図13-10(c)に示すように、スピンが交互に並び、全体として磁気モーメントがゼロとなる性質で、この性質を反強磁性とよばれ、この性質を持つ物質は反強磁性体とよばれる。反強磁性体には、酸化マンガン（MnO）や酸化ニッケル（NiO）、酸化クロム（Cr_2O_3）がある。デバイスに利用するための研究が進んで

いる。反強磁性体の磁化率は、温度に比例して増加する。

13-5-4　フェリ磁性

図13-10(d)に示すように、スピンに並びは反強磁性と同じだが、方向により磁化の大きさが異なり、全体として磁化を持つ性質が**フェリ磁性**で、この性質を持つ材料を**フェリ磁性体**という。フェリ磁性体にはマグネタイト（Fe_3O_4）があり、構造は、強磁性体の項で見た逆スピネルである。また、鉄ガーネット（$M_3Fe_5O_{12}$）（図13-13）もフェリ磁性体である。強磁性体と同じく、現在、磁気メモリーなどの磁性材料として利用されている。M=Y（四面体部分に入る）であるイットリウム-鉄-ガーネットは固体レーザーの発振結晶としても利用されている。

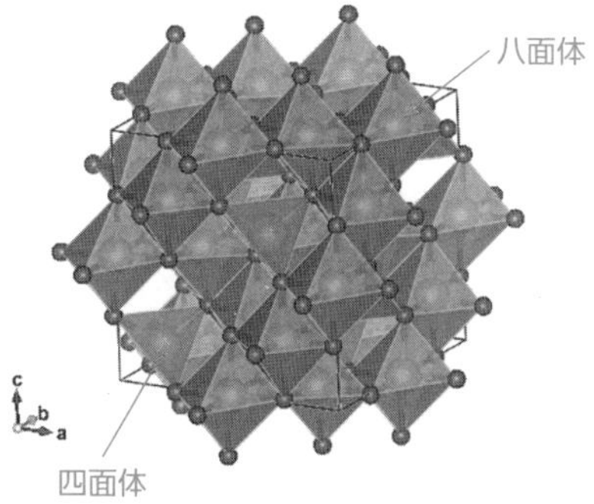

図13-12　フェライトの構造

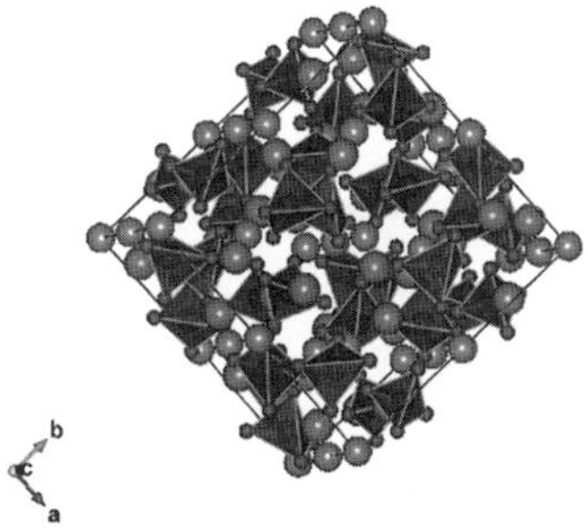

図13-13　ガーネットの構造

13-5-5　その他の磁性

図13-10(e)に示されるような、反磁性的なスピンの配列を持つが、全体として秩序が乱れた磁性を**スピングラス**とよぶ。また、図13-10（f）のように、スピンがらせん状に配列した**らせん磁性**もある。

13-6 磁性の温度依存性

磁性体の磁化率は、温度の影響を受けることが知られている。13-5で説明した、強磁性、反強磁性、フェリ磁性、スピングラス、らせん磁性は、ある温度以上で磁化が消失する。温度が高くなるに従い、スピンの熱振動が大きくなり、ある一定温度以上では、それまで持っていたスピンの配列秩序が保たれなくなるため、磁化が消失する。温度を下げると、磁化が復活する場合が多い。

磁場が消失する温度は、強磁性とフェリ磁性ではキュリー温度、反強磁性とらせん磁性ではネール温度とよばれる。各現象を研究した研究者の名前に由来している。

フェリ磁性に関しては、ネールが研究を行っていた関係でネール温度を使うこともある。ただし、フェリ磁性が転移温度以下で強磁性と同じく自発磁化を持つためキュリー温度が使われることもある。いずれにしても、その温度以上で、磁化が消失することに違いはない。

例題13-5

地磁気が逆転することは、よく知られたことである。これまで地学についてあまり勉強をしてこなかった読者も多いと思うので、地磁気の逆転と地球との関係や生活への影響について調べてみよう。

解答

http://www.kakioka-jma.go.jp/knowledge/qanda.htmlなどを見ると生活への影響の有無については、様々な意見があることがわかると思う。

いろいろな意見を見て、自分なりに考えることが重要である。

地磁気に関しては、77万4000年前から12万9000年前の時代をチバニアンとすることが、2020年1月に国際地質科学連合が決定した。この期間に、地球史上最後の地磁気の逆転が起こった時期を含んでいる。

第14章

固体の分析法

本章で学ぶ内容

1. 固体の化学組成の分析法
2. 固体の状態分析法
3. 固体の熱分析法

　これまで、固体構造の基礎や物性の基礎を学んできた。本章では、実際に、固体の構図や物性を測定する分析手法について学ぶ。非常に多くの分析手法があり、本章だけで、全ての分析手法を網羅することは不可能である。本章では、化学組成の分析、状態分析、熱分析において、代表的な分析法を紹介する。

14-1　組成分析法

結晶構造を知るための分析法として代表的な方法は、第10章で基本原理を解説したX線構造解析法である。X線構造解析では、未知物質であっても結晶構造について大まかな情報を得ることが出来るが、化学組成に関しての情報を得ることが出来ない。また、化学組成が分からない状況では、X線構造解析による精密な結晶構造の解析が出来ない。固体の構造解析において、化学組成は非常に重要な意味がある。

14-1-1　X線もしくは電子線を用いた分析法

固体の組成分析では、固体を溶解して組成を測定する方法と、溶解せずに測定する方法がある。ここでは、後者の分析法を紹介する。固体を溶解せずに測定する際、X線がよく使われる。X線は電磁波の一種であり、その波長は紫外線よりも短い。電磁波とは、図14-1Aに示すように、電場と磁場が同位相で、互いに直交して進む横波である。そして、図14-1Bのように、波長により呼び方が異なる。多くの解説で、γ線はX線よりも波長が短いとあるが、間違いである。γ線よりも波長が短いX線もある。X線とγ線の区別は、X線が原子核の外で発生するのに対し、γ線は原子核の内より発生する点である。

図14-2Aにあるように、外部より高速に加速した電子（X線の場合もある）が原子に照射されたとき、内殻の電子を弾き飛ばす。出ていった電子（光電子という）の席に、外の核より電子が落ちてくる（遷移する）際に発生するのが図14-2Bで鋭いピークを持つX線、つまり、特性X線である。X線が入射して発生する特性X線を特に蛍光X線とよぶ。また、入射電子が電子と衝突せずに通り過ぎる確率の方が高いが、通り過ぎる際、原子核や周囲の電子の影響で、電子の進行方向が変化し、電磁波が発生する。この電磁波が図14-2Bのなだらかで広がった部分で、連続X線（制動X線）とよぶ。

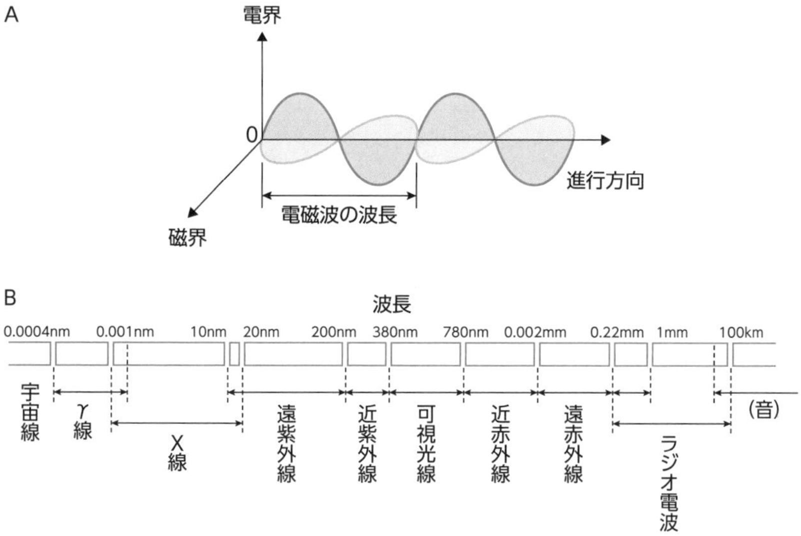

図14-1　電磁波

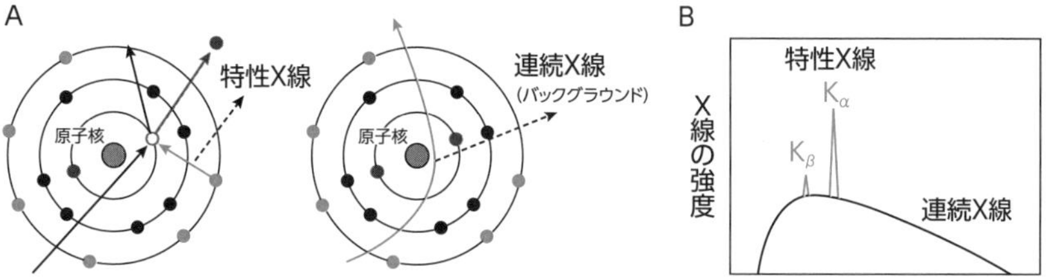

図14-2　X線の発生

電子が遷移する軌道間のエネルギー差（ΔE）は、元素の種類で決まっているので、$\Delta E = h\frac{c}{\lambda}$（c：光速、$\lambda$：特性X線の波長）より、特性X線の波長を求めることが出来る。また、特性X線の強度は、元素の含有量にある程度比例するので、発生する特性X線の波長と強度から、化学組成を知ることが出来る。図14-3に示すように、特性X線は、どの軌道間の遷移により発生したかによりK_α線、K_β線、L_α線というようによばれる。さらに微細な分類もあるが、ここでは示さない。

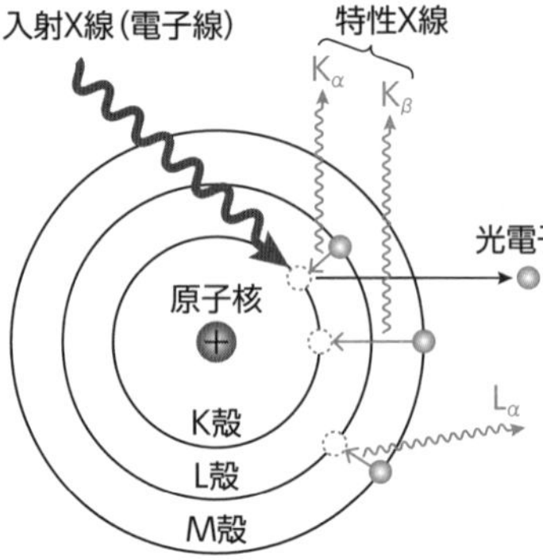

図14-3　特性X線の分類

光速の電子が入射する分析法をEPMA；電子線プローブ微小分析法とよび、電子のかわりにX線が使われる場合を蛍光X線分析法とよぶ。また、図14-4のように、発生した蛍光X線を、近くの電子が吸収し原子の外に飛び出すこともある。この飛び出した電子をオージェ電子とよび、その運動エネルギーから、化学組成を知る分析法をオージェ電子分光法とよぶ。オージェ電子分光法では、組成分析の他、元素の状態分析（価数や何と結合しているか等）の分析も可能である。オージェ電子ではなく、光電子の運動エネルギーを分析する方法がXPS（X線光電子分光法）であり、オージェ電子分光法と同様のデータを得ることが出来る。XPSはESCAともよばれる。

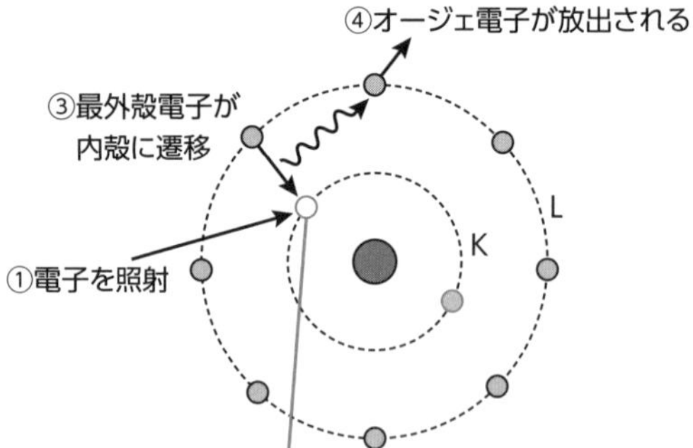

図14-4　オージェ分光法

例題 14-1

図14-5に示される蛍光X線スペクトルの各ピークがどの元素となるかを、表14-1をもとに示せ。

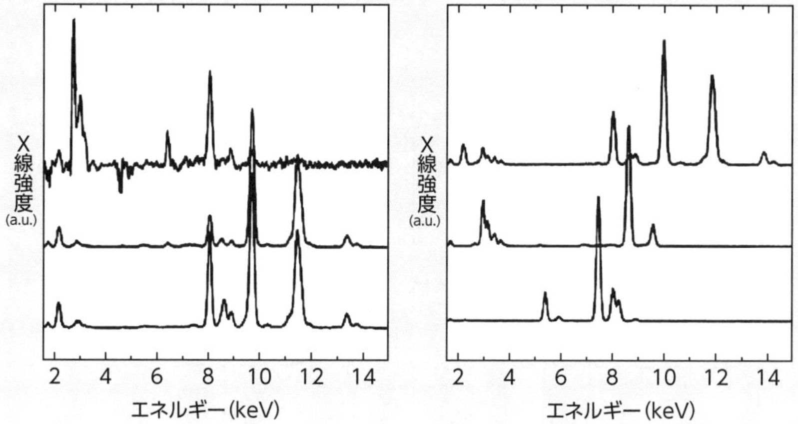

図14-5 蛍光X線分析の結果（例題14-1）

表14-1A 特性X線 (K_a) のエネルギー

元素	エネルギー (keV)	元素	エネルギー (keV)
Mg	1.253	Cu	8.04
Al	1.486	Zn	8.63
Si	1.739	Ge	9.874
Ti	4.508	Pd	21.121
Cr	5.411	Ag	22.101
Fe	6.398	Sn	25.191
Co	6.924	Au	68.177
Ni	7.471	Hg	70.154

表14-1B 特性X線 (L_a) のエネルギー

元素	エネルギー (keV)	元素	エネルギー (keV)
Cu	0.93	Sn	3.443
Cr	0.573	Au	9.712
Pd	2.833	Hg	9.987
Ag	2.984		

解答

例えば、図14-5の左のスペクトルで、一番強度の強いピークのエネルギーは2.8 KeVである。表14-1Bより、このエネルギーにあたる蛍光X線はPdのL_α線であることから、このピークはPdであることが分かる。他も同様にすればよい。ただし、表14-1だけでは、同定できないピークもある。参考のため、全ピークを同定した結果を図14-6に示す。

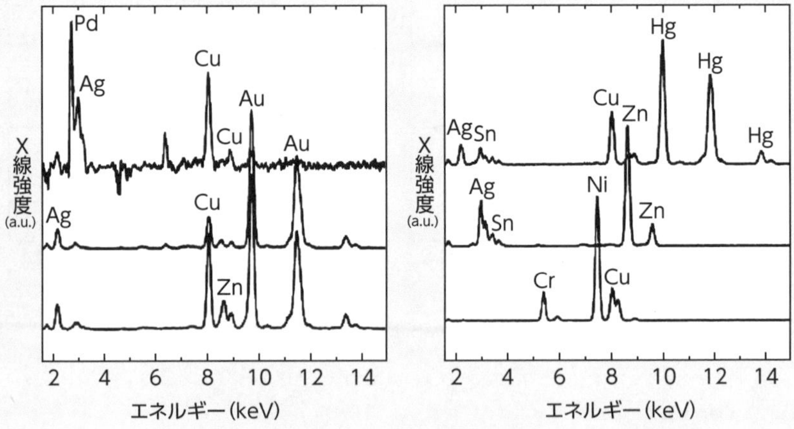

図14-6　蛍光X線分析の結果（解答）

先ほどの例題のように、電子線やX線を用いて、固体のままで分析を行う場合、固体表面と内部で組成が異なる場合もあるので、表面からどの程度の深さまで分析ができるかが問題となる。固体内部まで含めた組成分析を行うなら、溶解して組成を分析する方が確かであると思われる。逆に、表面は、固体の利用において非常に重要な場であり、表面の特性（組成や元素の状態）を知る表面分析が重要になる。上記のオージェ電子分光法やXPSは表面分析法として重要な方法でもある。

14-1-2　光の吸収を利用した分析法

溶解した試料の分析には原子吸光分析やICP（誘導結合プラズマ）分析がよく用いられる。図14-7Aに示すように、光のエネルギーを得て、電子がより高いエネルギーの軌道に励起される時に光の吸収が起こる。吸収波長は元素固有の値となるので、吸収波長から組成分析を行うことが出来る。

原子吸光法は、図14-7Bのように、試料を高温の炎の中に噴霧し原子状態にして、その吸収強度から、定量を行う方法である。光源の波長は、分析目的の元素に合わせたものを用いる。ICP分析は、高温のプラズマ（Arプラズマを使う場合が多い）中に試料を噴霧する。プラズマの温度は原子吸光法の炎の温度より高温なので、すぐに励起され、基底状態に戻る際に発光する。発光の波長から元素種を、発光強度から定量を行うことが出来る。原子吸光法は、1度に1元素の分析しか行えないが、ICP分析では、多元素同時分析が可能である。ICPでは、検出部に分光計ではなくMS（質量分析計）を用いたものもある。

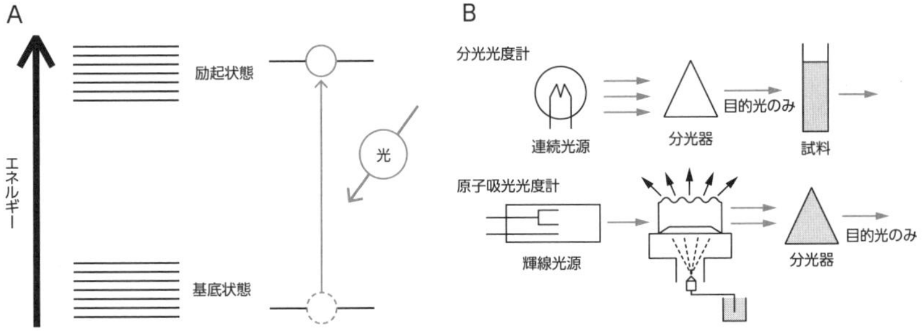

図14-7　光の吸収の解説と分光光度計、原子吸光法

例題14-2

原子吸光法とICP分析法のメリットとデメリットをまとめよ。

解答

原子吸光は、単元素測定で、しかも、ICPよりも原子化の温度が低いため、他の共存元素の影響（干渉）が少ない。ICPでは、この干渉が問題となる。

一方で、ICPは、測定できる濃度の下限がppbレベルで、原子吸光よりも低濃度まで定量が可能となる、など。

http://www.jsac.or.jp/bunseki/pdf/bunseki2008/200805NYUMON.pdf
等の資料を参考にして各自でまとめよ。

14-2　状態分析

固体表面は、固体の利用において非常に重要な場である。例えば、触媒の特性は、その表面の構造や状態によって変わる。表面の特性（組成や元素の状態）を知る表面分析は、固体の理解や応用において重要である。上記のオージェ電子分光法やXPSは表面分析法としても重要な方法でもある。

固体表面の分析法では、光の吸収を利用する分析法がある。赤外吸収法（IR）とラマンスペクトル法（RAMAN）である。電子のエネルギー準位には、電子の持つエネルギーの準位の上に、分子の振動によるエネルギー準位が存在する（図14-8A）。電子が、すぐ上の振動準位に励起されるために必要なエネルギーを測定するのがIRで、固体表面での元素間の結合などの情報が得られる。RAMANもIRと同じ情報を得る方法である。RAMANでは、一度、上の電子軌道準位まで励起された後、基底状態に戻る。電子が、始めにいた準位に戻る場合を**レーリー散乱**、始めいた準位より高い準位に戻る場合を**ストークス線**、逆に、始めよりも低い準位に戻る場合を**アンチストークス線**とよぶ。

図14-8Bのように、IRとRAMANでは、一方に現れるが、もう一方に現れないピークが存在する。例として図14-9の見て頂きたい。二酸化炭素の振動の一つで、対称的な振動となっている。この振動では、対称中心が動かないので、双極子モーメントの変化はなく、IRでは検出できない。距離の変化があるので、RAMANでは検出可能である。このように、IRとRAMANは互いに補完的な分析法であるといえる。この特性は、IR吸収が双極子モーメントの変化を測定しているのに対し、RAMANは分極率の変化を測定していることによるものである。両方の分析を行うことで、より詳細な状態分析を行うことが出来る。

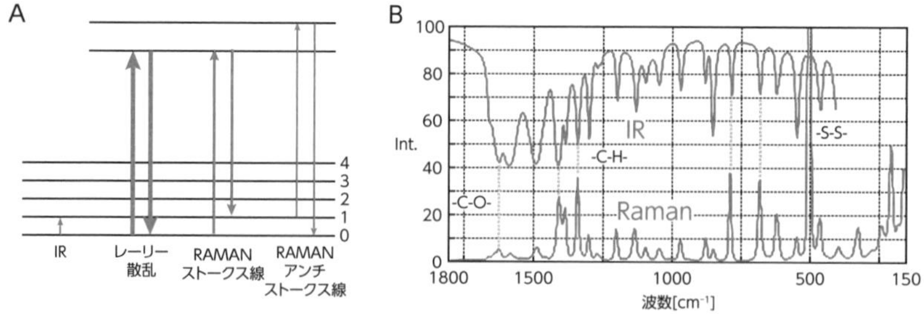

図14-8　IRとRAMAN

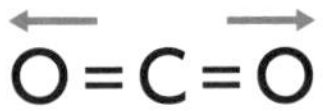

図14-9　二酸化炭素の振動

例題14-3

水溶液の測定では、IRは使われず、RAMANが用いられる。この理由を説明せよ。

解答

表14-2のようにIRでは、水の関係する振動の吸収が強く、溶質のスペクトルを隠してしまうが、RAMANは、水に関係するピークが弱く、溶質のスペクトルを隠すことはない。

C=Oの例をみると、水溶液中であっても、水の関係のスペクトルより強度があるので測定が可能であることが分かる。

表14-2　IRとRAMAN

結合	波数 (cm^{-1})	強度	
		IR	RAMAN
H_2O	～1640	強い	弱い
C=0	1680~1820	強い	中程度
O-H	3100~3650	強い	弱い

固体の状態分析法として、XAFS（X線吸収微細構造）という方法もある。物質にX線のエネルギーを変化させながら照射すると、急に吸収強度が増加する場所がある。これを吸収端とよぶ。この吸収端付近のスペクトルを測定する方法がXAFSである。図14-10はZnO中のZnのXAFSである。9650 eV付近に吸収端がある。吸収端付近（± 50 eV程度）のスペクトルをXANES（X線吸収端近傍構造）、XANESよりも高エネルギー側（+1000 eV程度）をEXAFS（広域X線吸収微細構造）とよぶ。両者を合わせて、XAFSと称する。

XANESからは、フェルミ準位付近の電子構造や価数などの情報を得ることが出来る。EXAFSからは、隣接元素の位置に関する情報が得られる。

XAFSはX線構造解析が難しい試料（ガラスのような非晶質）や、ある特定の元素周辺の詳細な構造解析などに有効である。また、電子構造の解析でも重要な方法である。

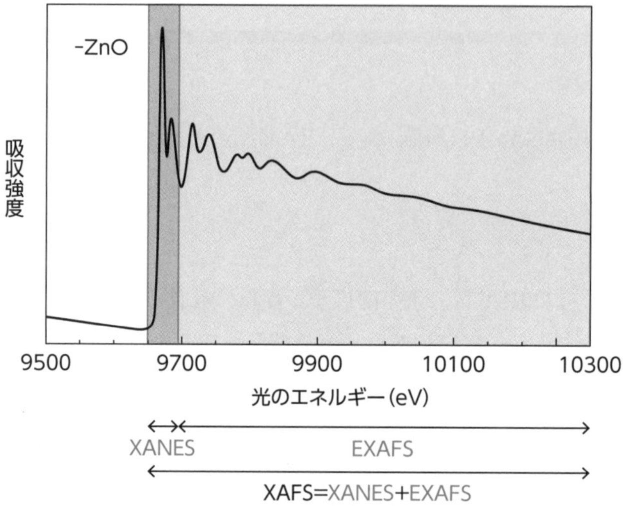

図14-10　XAFS

例題 14-4

IRやRAMANと紫外-可視吸収の違いをまとめよ。

解答

紫外-可視吸収は、電子軌道間の遷移を見ているのに対し、IRやRAMANは振動準位への遷移を見ている。紫外-可視吸収では、構造や物性に関する情報はあまり得られない。錯体のd軌道の分裂や含有量などの情報を得ることが出来る。これに対し、IRやRAMANからは、分子の一部分の構造（局所構造）に関する情報などを得ることが出来る。

CHAPTER 14

14-3 熱分析

熱分析の代表的な手法には、TG（熱重量分析）、DTA（示差熱分析）、DSC（示差走査熱量分析）がある。各分析法の特徴は、次のようである。

14-3-1 TG（熱重量分析）

TGは、試料の温度を変化させ、試料の分解、脱水、酸化・還元、蒸発などによる重量変化を測定する方法である。重量変化より、熱による構造変化などがない含水物質の場合は、含水量が分かる。また、気体が発生する場合は、気体の発生量や、発生した気体が何かわかれば、加熱により起こった化学反応を知ることはできる。

14-3-2 DTA（示差熱分析）

DTAは、試料の温度を変化させた際の変化に伴う熱の出入りを、基準物質との温度差として測定する方法である。試料の分解、脱水、酸化・還元、蒸発などが吸熱変化なのか発熱変化なのかが分かる。TGと同時測定されることが多い。図14-11に、TGとDTAを同時に測定した際、出力される例を示している。TGのグラフは、温度を変化させた際の、試料の重量変化を示している。TG用の縦軸として、実際の重量を示す場合と、元の重量を100%とした割合を示す場合がある。ある変化で、どの程度の重量が減少（増加の場合もある）したかが示される（グラフ中のA%のように）。DTAでは、試料に対する熱の出入りが表示される。図14-11の例では、上に出るピークが発熱反応で、下に出るピークが吸熱反応になっているが、装置によっては、逆の場合もあり、確認が必要である。変化の始まる温度であるが、ベースラインの外挿線と、ピークの最大傾斜の外挿線の交点となる。例で最初に出たピークでは、Cの温度が変化の始まる温度となる。DTAでもう1点注意が必要なことは、ピーク面積から出入りした熱量を知ることはできないことである。

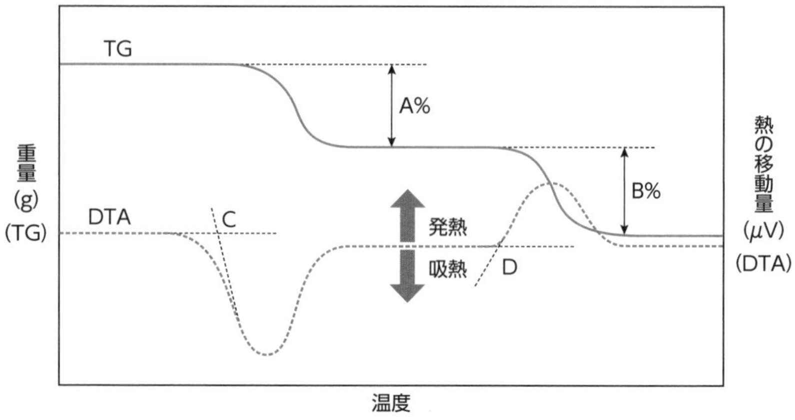

図14-11　TGとDTA

14-3-3　DSC（示差走査熱量分析）

DSCは基本的にDTAと同じく、試料の温度を変化させた際の変化に伴う熱の出入りを、基準物質との温度差として測定する方法である。DSCは熱量測定を行っている点がDTAと異なる点である。試料の分解、脱水、酸化・還元、蒸発などが吸熱変化なのか発熱変化なのかが分かり、変化に伴う熱量変化も分かる。図14-12にDSC測定データの例をイラストで表示している。DTAと同じく縦軸は、熱の流れる方向である。ピークが上に出るか下に出るかで、発熱反応なのか吸熱反応なのかが分かる。どちらが発熱で、どちらが吸熱かは装置によって異なるので、確認が必要である。DSCでも、DTAと同じく変化の開始温度はベースラインの外挿線とピークの最大傾斜の外挿線の交点（図中のT）となる。また、変化に要した熱量も出力される（図中のΔ H）。

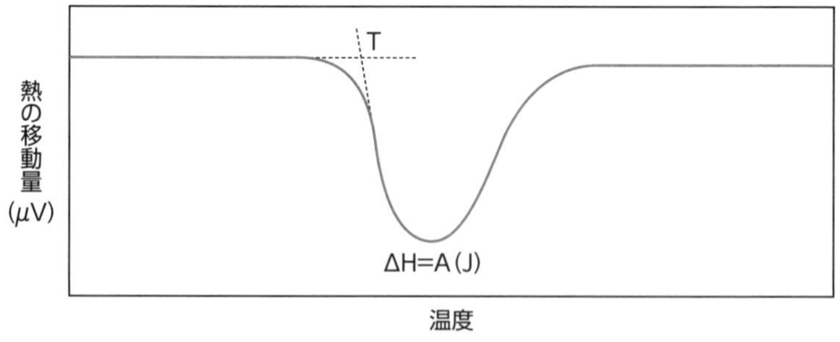

図14-12　DSC

例題 14-5

図14-13はシュウ酸カルシウム一水和物（$CaC_2O_4 \cdot H_2O$）の熱分解の様子をTGで測定した結果である。①~③で起こっている反応を示し、測定結果と反応式から求められる重量変化がよく一致していることを示せ。

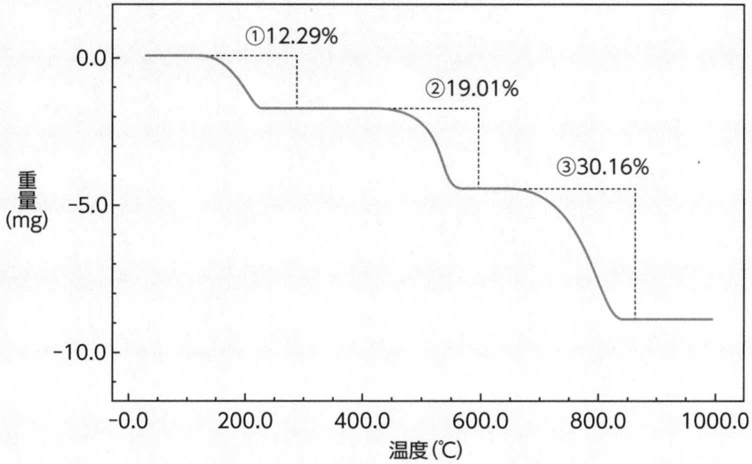

図14-13　シュウ酸カルシウムのTG測定

解答

加熱による反応は

① $CaC_2O_4 \cdot H_2O \rightarrow CaC_2O_4 + H_2O\uparrow$

② $CaC_2O_4 \rightarrow CaCO_3 + CO\uparrow$

③ $CaCO_3 \rightarrow CaO + CO_2\uparrow$

①の反応ではH_2Oが失われるので、シュウ酸カルシウム一水和物（$CaC_2O_4 \cdot H_2O$）の分子量148より、$\frac{18}{148} = 0.1216$となり、測定結果はよい一致を示している。

②の反応ではCOが失われるから、$\frac{28}{148} = 0.1819$となる。また、③ではCO_2が失われるので、$\frac{44}{148} = 0.2973$となり、②と③でもよく一致している。

参考文献

A.R.ウエスト「ウエスト固体化学ー基礎と応用」講談社（2016）

桜井敏雄「X線結晶解析」裳華房（1967）

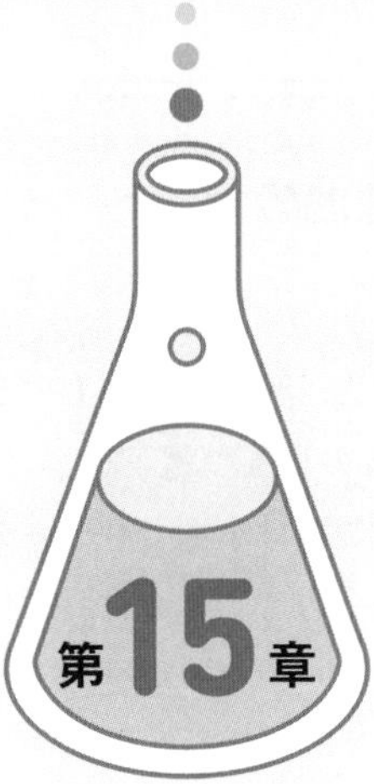

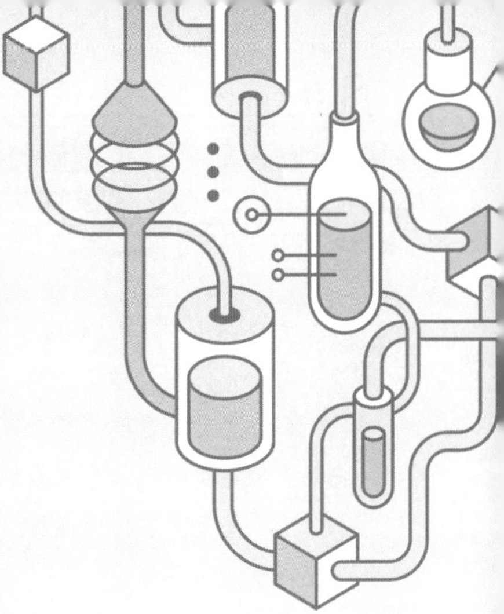

第15章

新しい無機材料

周期表のすべての元素とその化合物が無機材料になるといっても過言ではないだろう。日々新しい無機材料の開発研究が進められている。それらの中には耐熱性、硬度、強度、導電性、誘電性、圧電性、光特性、超親水性、撥水性など様々な機能において優れた性質を示すものや、生物親和性、環境調和性などの特性を示すものなどがある。無機材料は我々の便利な社会を支え、また情報社会を支える電子デバイスの材料としても活躍している。無機材料の機能性は、合成中の反応パラメーター（温度、溶媒、圧力、反応時間など）、材料の組成（元素比や材料の配合比など）、そして形状（微粒子の粒子径、バルクの細孔径、材料の表面構造など）を制御することで発現させたり、著しく向上させたりすることができる。多くの場合、経験や理論に基づいた多くの実験を経て実現されている。本章では近年注目を浴びているいくつかの新しい無機材料について紹介する。

CHAPTER 15

15-1 二次電池と我々の生活 ～次世代ナトリウムイオン二次電池の開発～

リチウムイオン電池は、私たちの生活において身近でまた欠かせないものとなっている。パソコンやスマートフォン、ゲーム機などの様々な電子機器は、すでに小型化が進み、多くの場合ポータブルである。そこには小型でパワーのある充放電可能な二次電池が活躍している。しかしその一方で、電池材料に使われている元素には埋蔵資源量に限りがあるものが多く、リチウムもその一つで枯渇が危惧されている。

近年、リチウムと同じアルカリ金属元素であるが、地球上に豊富に存在するため枯渇が心配ない元素が二次電池で利用可能であることが示された。すでにナトリウムとカリウムイオンの二次電池が研究開発されており、それらが安定に作動することが発表されている。これらの電池は長寿命で、優れた急速充放電特性を有していて、将来の低コスト大型電池としての実用化が期待されている。

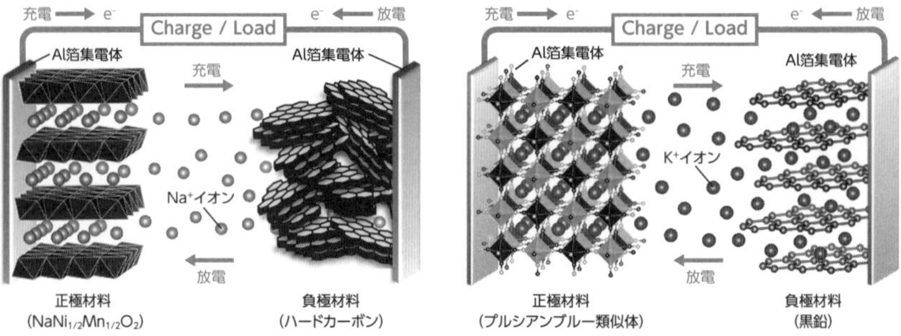

図15-1 ナトリウムイオン電池（左）とカリウムイオン電池（右）の構成例と作動原理
（東京理科大学理学部駒場慎一教授による図を許可を得て改変）

CHAPTER 15

15-2　可視光応答型光触媒材料

第12章で触れたように、チタニア TiO_2 などの半導体はそのバンドギャップより大きいエネルギーの光（紫外線領域）を照射すると、価電子帯にある電子が伝導帯まで励起され、起電力を発生する（図15-2）。また、伝導帯に励起した電子は粒子表面にある物質を還元する。その一方、価電子帯に生成する正孔が別の物質を酸化する性質があるため化学反応の触媒としても活用されている。

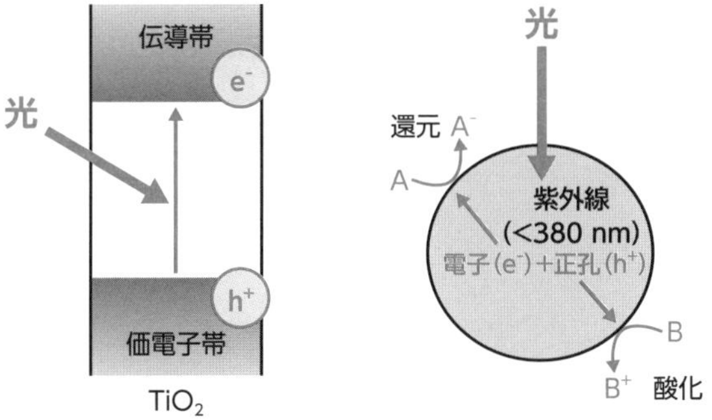

図15-2　チタニアによる起電力発生（左）および光酸化反応の仕組み

従来型の光触媒では、そのエネルギーギャップの広さから、太陽光または人工の光の紫外線領域の光しか使えなかった。しかし近年、可視領域の光でも同じように光触媒の反応が可能となる材料が開発されている。可視光が広く利用できるため、太陽光や室内光が有効に利用でき、触媒反応の効率が上がる。これにより、装置の簡素化や人体への安全性も実現できるようになっている。

材料の制御としては、従来のチタニアに窒素、ケイ素、鉄などをドープすることで可視光への応答が安定的に向上した材料などがあり、すでに商品化されている。例えば、シックハウス症候群の原因の一つであるアルデヒドを室内で分解できたり、トイレ臭を分解できたりする内装材量にも用いられている。

さらに、可視光のみを透過させる、すなわち紫外線をカットして赤外線熱効果を遮断できる光触媒材料も開発されている。光触媒の代表例である酸化チタンなどは優れた光触媒活性を有するが、赤外線遮蔽特性は全く示さない。タングステンブロンズ構造を有する、タングステンを主体とする機能材料で

M_xWO_3/ZnO (M = K, Rb, NH_4)の組成のものなどである。タングステン系混合原子価状態化合物の中では、タングステンの価数が5+と6+が共存するケースが多く、自由電子がその間を行き来することで分極が生じ（「ポーラロン効果」という）、赤外線遮蔽材料機能を示すと説明されている。この材料は近い将来のスマートウィンドウ材料としての利用が期待されている。スマートウィンドウとは、電気・光・熱などの様々な外的な刺激によって色調や透過性、反射率などを瞬時に変えられる透明な素材のことであり、建材としてのガラス板のデザイン性向上だけでなく、テレビやパソコンなどのモニター表面材料としての活躍が期待されている。

CHAPTER 15

15-3　人工骨・人工関節に使われる無機材料

ケガや病気の治療のための整形外科手術において、欠損した自分の骨や関節の代替として人工骨や人工関節が頻用されている。人工関節はいくつもの部品からなっていることが多く、リン酸カルシウム系材料、アルミナ、ジルコニアなどのセラミックスのほか、金属や樹脂などが材料として組み合わせられることもある。図15-3に、人工股関節の構造を示し、表15-1に人工骨頭部分に使われるセラミックの性質を示した。

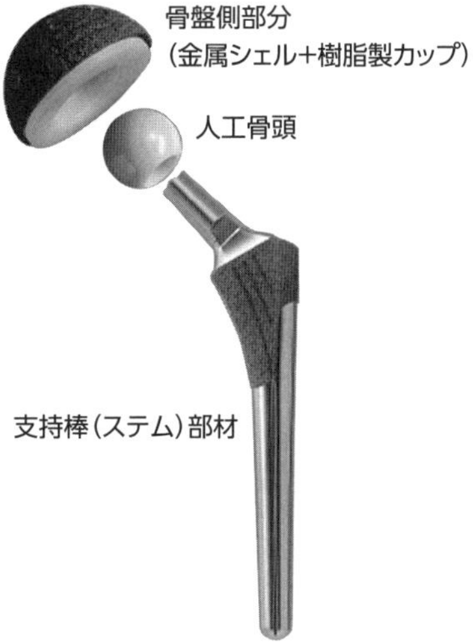

図15-3　人工股関節の構造

表15-1　人工股関節のセラミック骨頭材料の組成と性質

材料	アルミナ	ジルコニア
純度	$Al_2O_3 > 99.5\%$	$ZrO_2+HfO_2+Y_2O_3 > 99\%$
密度 (g/cm^3)	3.97	6.08
ヤング率 (GPa)	400	210
硬さ (Hv)	1900	1300
曲げ強度 (Mpa)	640	1600

以前は、人工骨頭に金属が使われていたため、ポリエチレン樹脂製の骨盤側カップ内側の摩耗が問題となり、耐用年数に限度があった。人工骨頭にアルミナやジルコニアが使われるようになり、セラミック材料の持つ高強度に加えて高硬度特性と精密な球面・表面加工が可能となり、低摩耗特性と耐用年数の向上が実現されている。

人工骨の材料としては、従来のチタンやタングステンなどの金属のほか、水酸アパタイト、炭酸カルシウム、硫酸カルシウム、リン酸カルシウムなどの化合物が用いられている。なかでも多孔質の水酸アパタイトは軽量で強度が高く、また生体親和性が高いことから広く人工骨関連の製品に利用されている。近年では、高い強度と骨置換性を持つ人工骨を3Dプリンターで製作する技術が開発され、すでに実用化も始まっている。この技術は、精密な形状と高い強度を両立できることから、例えば手関節や手指、足根骨部などの部位にも使用できる。

CHAPTER 15

15-4 ゾル・ゲル法と新しいゲル材料

ゾル・ゲル法はガラスやセラミックスを作製する一つの方法である。一般的に、ガラスは溶融法により1000℃を越える高温で原料粉末を溶融したあと、急激に冷却することで再固化させて得られる。そして多くのセラミックス材料もまた、粉体を1000℃以上の高温で焼結することで得られている。ゾル・ゲル法は、金属アルコキシドの溶液を出発原料とし、加水分解、縮重合などの化学反応を経てゲルが得られ、最終的にそれを熱処理することにより溶媒を取り除きながら、緻密化を促進させ、ガラスやセラミックスを得る方法である。ゾル・ゲル法では、他の方法と比較すると圧倒的に低温で無機材料を合成することが可能となる。また、化学反応を制御することで表面構造を制御でき、また有機物と無機物の複合化を可能にしている。

近年、マシュマロゲルが注目を浴び始めている。写真のようにふわふわとしていて、その柔軟性が液体窒素のような極低温でも保たれるほど使用温度域が広い。マシュマロゲルは超撥水性と特定の油を吸い取るなどの分離能があるため、石油流出事故などにおける油/水分離媒体としての利用が期待されている。このマシュマロゲルの作製は次の手順のとおり非常に簡単である。

界面活性剤の塩化n-ヘキサデシルトリメチルアンモニウム（CTAC）を溶解した酢酸水溶液に，前駆体メチルトリメトキシシラン（MTMS）およびジメチルジメトキシシラン（DMDMS）を加えて攪拌する。続いて、アンモニア水を加えて攪拌し、型に流して静置すると系全体がゲル化する。最後にアルコールや水に浸漬して界面活性剤などを洗い流したのち、自然乾燥して目的物を得ることができる。

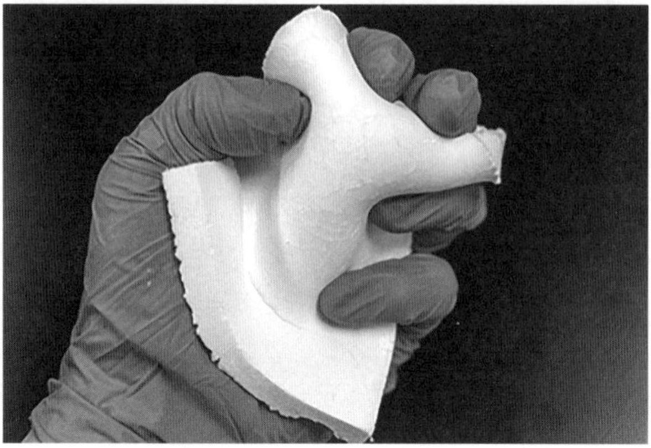

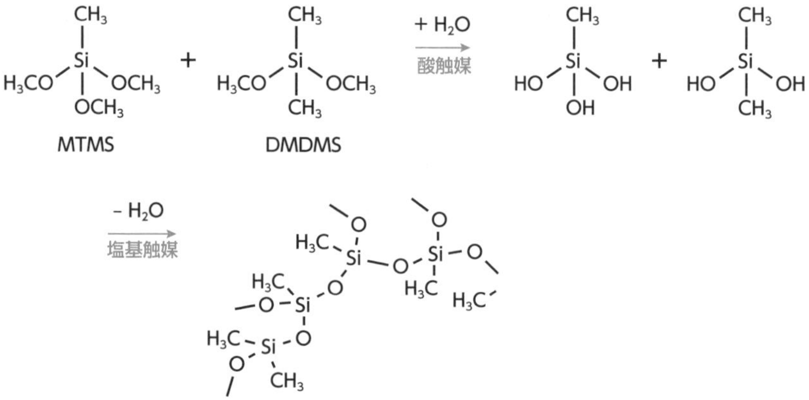

図15-4　マシュマロゲルの写真と合成反応式
（写真・図提供：東北大学（現 物質・材料研究機構）早瀬元氏）

15-5　有機―無機ハイブリッド材料

真珠は生体が作り出した炭酸カルシウムと有機高分子が積層した有機材料と無機材料の複合した材料（有機―無機ハイブリッド材料）のひとつで、生体により作り出された材料であることからバイオミネラルとも呼ばれている。真珠の輝きは、入射光の多層反射により独特の光沢によるもので、さらに緻密な構造から高い機械的強度を示す。

近年では、無機材料と有機材料を組み合わせることにより、今までにない新しい特性を持った材料が多く生み出されている。

例えば、酸性の有機高分子とヒドロキシアパタイトの自己組織化を制御して、外部刺激への応答性を有するヒドロキシアパタイト液晶が開発されている。合成したヒドロキシアパタイトナノロッドは、液晶状態を発現するが、例えば磁場などの印加によりセンチメートルスケールで一方向に並べることができる。生体適合性を有する液晶新材料と期待されている。

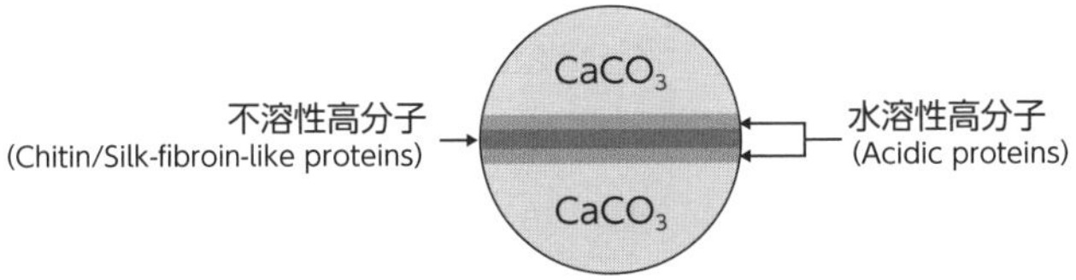

図15-5　貝殻真珠層の構造

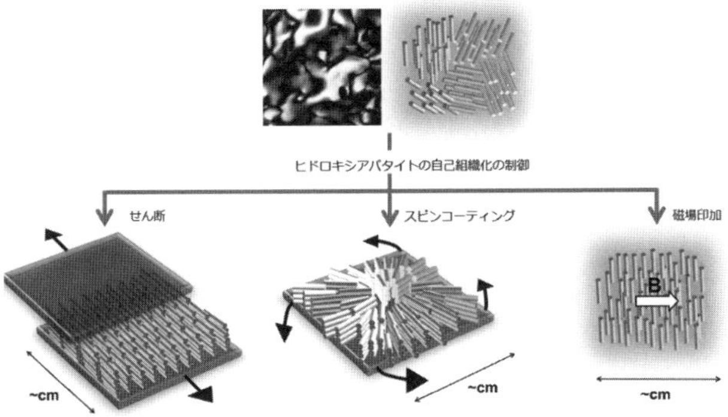

図15-6　外部刺激への応答性を有するヒドロキシアパタイト液晶の合成方法
（図面提供：東京大学大学院工学系研究科化学生命工学専攻　加藤隆史氏）

15-6　最近注目されている炭素材料

最近、注目されている炭素材料にグラフェンがある。グラフェンは、図15-7にあるように、Li電池の電極材料として用いられるグラファイトの一つの層と考えればよい。また、単層のカーボンナノチューブを開いたものという見方もできる。

なぜ、グラフェンが注目されているかというと、そのバンド構造にある。図15-8に、グラフェンのバンドを示す。赤丸で囲んだ部分を注目して頂きたい。K点において、電子が占有している最高エネルギーのバンドであるπバンドと電子が占有していない最低エネルギーのバンドであるπ^*バンドがフェルミ準位で接する特徴的な構造をしている。

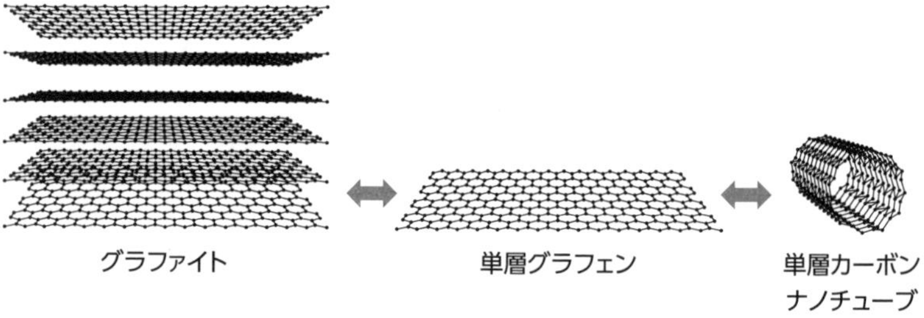

図15-7　グラフェンの構造

この様なバンドの接点をディラック点とよぶ。ディラック点の存在より、πバンドの電子が、有効質量ゼロ[注1]のディラック粒子の性質を持つディラック電子であり、光速の1/300程度の速度で動き、この速度は変化しない。つまり、動き続けて止まることがないことが分かる。

このように非常に高速で動くことから、トランジスタなどの電子デバイスへの利用やセンサー、また、太陽電池などへの利用も考えられている。

また、グラフェンを2層重ね、わずかにずらすと超電導性を示すという報告もある。グラフェンに関しては、よく分からないことも多く、様々な研究が進んでいる。

注1　結晶内では、外部からの力により電子などの粒子が加速される際、本来の質量とは異なる質量を持つようにふるまう。外力の影響から見た質量を有効質量という。

密度汎関数法

図15-8は、筆者がquantum espressoというフリーソフトを使って、バンドを計算し描画したものである。物質の諸性質を、物質中の電子密度より求める密度汎関数理論をもとにした量子論的計算法が密度汎関数法（DFT）である。この方法は、物性物理や量子化学でよく使われ、フリーソフトも多数存在する。理論計算で物性や構造を求めようとすれば、必ず、使う方法であるので、この方法の名称は覚えておいてもいいかと思う。

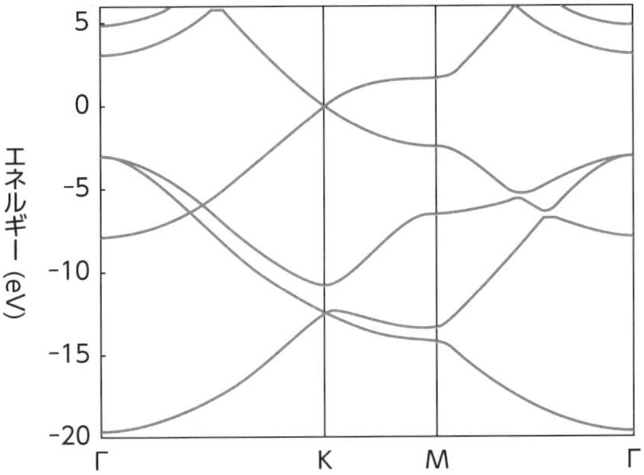

図15-8 グラフェンのバンド

例題15-1

無機薄膜材料の作成方法について調べてみよ。

解答

薄膜の作製方法には、大きく分けて物理的方法と化学的方法がある。物理的方法には，熱蒸発によるもの（たとえばアーク蒸発、高周波加熱、電子ビーム加熱などで）と、真空状態にして蒸着（スパッターともいう）するもの（直流グロー放電または交流－グロー放電による蒸着、イオンビームスパッタ法）がある。化学的な方法には化学的気相成長やめっきなどがある。

例題15-2

圧電材料とは何か。またその可能性について調べてみよ。

解答

圧電材料は、外部からの力学的なエネルギーによって電圧が発生（圧電正効果）したり、反対に、電圧をかける（電気エネルギーを加える）と極性に応じて伸びたり縮んだり（圧電逆効果）する材料である。つまり、電気エネルギーと機械エネルギーを変換することができる。

高純度の酸化チタンや酸化バリウム等を高温で焼き固めた多結晶体セラミックスなどがそうである。強誘電体単結晶は優れた圧電材料になり、各種の圧電素子、振動子、発火素子、音響素子、情報用素子など広い応用の可能性がある。

例題15-3

地球環境保全に貢献できる新しい無機材料とはどのようなものか考えよ。

解答

① 地球温暖化ガスを発生しないエネルギー創生装置を支える材料
② 廃棄物を活用した、エコセメントやエコ建材
③ エネルギー変換効率の高い電池材料
④ 環境負荷物質を低エネルギーで分解できる材料
⑤ 毒性のきわめて低い顔料、塗料、染料
などがある

参考文献

守吉佑介、植松敬三、笹本忠、伊熊泰郎「セラミックスの基礎科学」内田老鶴圃、第6版 (1989)

N Yabuuchi, K Kubota, M Dahbi, S Komaba, “Research development on sodium-ion batteries”, Chemical reviews 114 (23), 11636-116822683(2014)

N Yabuuchi, M Kajiyama, J Iwatate, H Nishikawa, S Hitomi, R Okuyama, “P2-type Nax[Fe1/2Mn1/2]O2 made from earth-abundant elements for rechargeable Na batteries”, Nature materials 11 (6), 512

可視光応答型光触媒のページ

https://shingi.jst.go.jp/past_abst/abst/p/08/815/kyoto7.pdf

S. Iwamoto, et al., Chem. Mater. 2005, 17, 650

ダイセルファインケム株式会社、可視光応答型光触媒（セルミューズ®）のページ

https://www.daicelfinechem.jp/business/polymerdiv/celmuse.html

殷澍、「赤外遮蔽機能を有する光触媒粉体の創製」、Hosokawa Powder Technology Foundation ANNUAL REPORT No.26(2018) 41–45

Y Asakura, Y Anada, R Hamanaka, T Sato, K Katsumata, X Wu, S Yin, “Multifunctionality in coating films including Nb-doped TiO_2 and $CsxWO_3$: Near infrared shielding and photocatalytic properties“, Nanotechnology, 29 (2018) 224001

M. Nakayama, S. Kajiyama, A. Kumamoto, T. Nishimura, Y. Ikuhara, M.i Yamato, and T. Kato, “Stimuli-responsive hydroxyapatite liquid crystal with macroscopically controllable ordering and magneto-optical functions”, Nature Commun., 9, 568 (2018).

https://www.riken.jp/press/2018/20180414_1/

「人工関節（1982年～現在）、“セラミックスアーカイブズ”」セラミックス 43（2008）No. 11, p.994-995

S Oyama, M Watanabe, Y Tsujimura, K Yamazawag、H Yokota, "In Vivo Study of Stable Alpha-TCP Scaffolds Fabricated by Modified Binder Jetting", 2018 Annual Meeting

理化学研究所ホームページ、研究成果（プレスリリース）2018より

https://www.riken.jp/press/2018/20180414_1/

T Nishimura, T Ito, Y Yamamoto, M Yoshio, and T Kato, “Macroscopically Ordered Polymer/$CaCO_3$ Hybrids Prepared by Using a Liquid-Crystalline Template”, Angew. Chem. Int. Ed., 47, 2800 (2008).
早瀬元「シリコーン多孔体・マシュマロゲルを用いたDIY実験ツールの開発」、化学、化学同人、2019年9月号

第16章

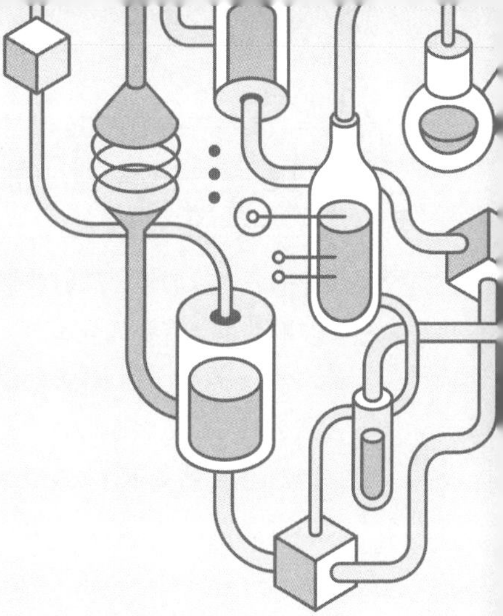

放射性物質

本章で学ぶ内容

1. 放射線、放射線同位元素の基礎
2. 放射性同位元素の化学的性質
3. 宇宙での元素合成

福島第一原子力発電所の事故直後には、放射性物質に対する関心が高まり、多くの解説が出版されたが、最近では、関心が薄れてきたように見える。しかし、原子力発電所に限らず、放射性物質は身の回りに存在し、生活と密接な関わりを持っていることも事実である。健康診断でのＸ線検査、放射性物質を使った治療、γ線照射によるジャガイモの発芽防止や害虫駆除、非破壊検査やγ線をビニル製品に照射することで耐久性を高めるなど、様々な分野で放射線の利用がなされている。また、原子力技術者の不足も懸念されている。この様な状況の中で、化学分野からも、原子力などへの寄与が当然期待できる。寄与するためには、基本的な放射性同位元素についての知識が求められる。本章では、第Ⅰ巻第３章で簡単に触れた内容を含み、さらに、広い範囲の基礎的事項の解説を行う。

CHAPTER 16

16-1　放射能、放射線、放射性物質

放射能、放射線、放射性物質の3つの言葉の違いを説明できるだろうか。いざ説明せよと言われると困る方も多いのではと思う。マスコミの報道でも、正確に使い分けが行われていないケースも多くみられるので、まず、この3つの言葉を説明しておきたい。

図16-1を見て頂きたい。たき火の絵である。たき火には、当然、燃料としての木があり、これに火がついて光や熱が放出される。焚火において木にあたるものが**放射性物質**である。放出される熱や光に相当するものが**放射線**で、燃えるという木の性質が**放射能**である。

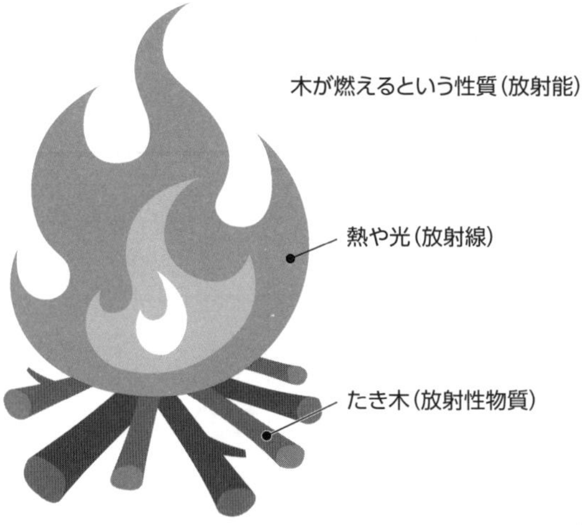

図16-1　たき火（かっこ内は放射性物質の場合）

炎にあたる部分には、燃えることで発生した様々な物質が存在している。これらの物質は、徐々に拡散して広がっていくことも、忘れないでいただきたい。燃えることで生成した物質は、後で説明する娘核種に相当すると考えていい。

放射能とは、放射性物質が放射線を出すという性質（能力）であり、放射能を測定すると言っているが、正しくは放射線を測定するとなる。放射能の量は1秒間の壊変数と定義されBq（ベクレル）という単位で表す。壊変については、後で説明する。また、放射性物質は**放射性同位元素**を含む物質であり、放射性

同位元素は放射線を放出する放射能を持つ。

放射線にはα線、β線、γ線があり、さらに、β線にはβ^+線とβ^-線があり、α線は正電荷を持つ質量数4（陽子2個、中性子2個）のヘリウム原子核、β^+線は正電荷を持つ陽電子（電子の反粒子[注1]）、β^-線は負電荷をもつ電子で粒子線とよばれる。γ線は波長が短く電荷をもたない電磁波である。第14章で説明したように、γ線は原子核より放出され、X線は核外から放出される点に注意してほしい。図16-2に示すように、粒子線は電荷をもつため、電場により曲げられるが、電磁波は曲げられない。

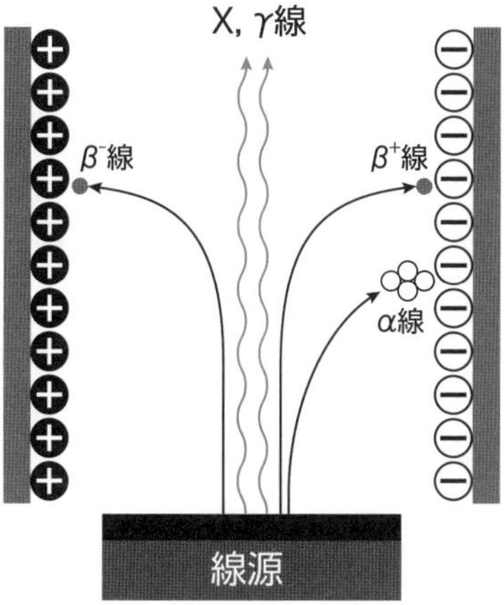

図16-2　放射線

注1　反粒子と粒子が衝突すると、対消滅とよばれる現象が起こる。陽電子と電子の場合は、対消滅により511keVの光子が2個放出される。この現象を利用したのがPET（陽電子放射断層撮影：Positron Emission Tomography）である。

16-2　半減期

半減期とは「今ある放射性物質の量が半分の量になるのに必要な時間」と考えればよい。これとよく混同されるものに、原子核の寿命（もとの量の$\frac{1}{e}$[注2]の量になるのに必要な時間）があるので、注意が必要である。

半減期を理解するための重要な定数に壊変定数（λ）がある。壊変定数は1秒間に壊変する放射性原子核の割合を表している。時間$t = 0$に放射性物質がN_0あったとき、時間$t = t$における放射性原子核の数Nは、$N = N_0e^{-\lambda t}$となり、半減期Tは$T = \frac{ln2}{\lambda}$となる。また、放射能Aは$A= \lambda N$となる。詳しくは、第I巻第3章を参照してほしい。

例題16-1

放射性同位元素の半減期は、考古学資料の年代測定や美術品の真贋鑑定などで用いられる。実際に、用いられた例を調べてみよ。

解答

これは一例で、ほかにも多数の例がある。

17世紀オランダで活躍した画家フェルメールの贋作をオランダの画家ファン・メーヘレンが作り売りさばいた。メーヘレンは、フェルメールの時代の絵の具やキャンバスを用いて精巧に贋作を作っていたため，識別が難しかった。

「エマオの食事」もその一つで、カーネギー・メロン大学のグループが真贋判定に挑んだ。現在の白色絵の具にはチタンや亜鉛の酸化物が用いられるが、フェルメールの時代には鉛酸化物が使われていた。鉛には少量の^{210}Pb（半減期22年）が含まれている。もし作品がフェルメールによるものなら300年を経ているため、^{210}Pbは検出されないはずである。問題の作品のPbを分析すると、検出されないはずの^{210}Pbが検出され，20世紀の作品、つまり、贋作であることが判明した。

注2　e = 2.71828･･･であり、$\frac{1}{e} = 0.367879$である。

CHAPTER 16

16-3　壊変

放射能を持つ原子核は、不安定な原子核と考えてよく、放射線を放出し、安定な原子核に変わる。この現象を**壊変**という。α線を放出する壊変を**α壊変**、β^{+}またはβ^{-}線を放出する壊変を、それぞれ**β^{+}壊変**β^{-}壊変という。原子核Aが Bに壊変するとして、各過程は以下のように表される。原子核A**親核種**の壊変により生成する原子核Bを**娘核種**という。

α壊変　$^{M}_{Z}\mathrm{A} \rightarrow {}^{M-4}_{Z-2}\mathrm{B} + \alpha\left({}^{4}_{2}\mathrm{He}\right)$

β^{+}壊変　$^{M}_{Z}\mathrm{A} \rightarrow {}^{M}_{Z-1}\mathrm{B} + \beta^{+}\left(e^{+}\right) + \nu \quad \left(p^{+} \rightarrow n + e^{+}\right)$

核内の陽子が中性子と陽電子に変化する。また、陽電子とともにν（ニュートリノ）も放出される。

β^{-}壊変　$^{M}_{Z}\mathrm{A} \rightarrow {}^{M}_{Z+1}\mathrm{B} + \beta^{-}\left(e^{-}\right) + \nu \quad \left(n \rightarrow p^{+} + e^{-}\right)$

核内の中世子が陽子と電子に変化する。また、電子とともにν（ニュートリノ）も放出される。

各壊変過程での、質量数（M）と原子番号（Z）の変化の様子を表16-1にまとめる。

表16-1　放射性壊変

	原子核の質量	原子番号
α壊変	-4	−2
β^{+}壊変	± 0	−1
β^{-}壊変	± 0	1

原子核の壊変は、図16-3のような壊変図でよく示される。図16-3には^{137}Csの壊変図を示している。この図より、^{137}Csは2つの経路のβ^{-}壊変により娘核種^{137}Baに変化することがわかる。β^{-}壊変の94.7%は0.514MeVのβ^{-}線を放出し^{137}Baの励起状態となる。その後、0.662MeVのγ線を放出し^{137}Baとなる。後一つのβ^{-}壊変は1.176MeVのβ^{-}線を放出し、直接、^{137}Baとなる過程で5.3%の確率で起こる。また、^{137}Csの半減期は30.1671年であり、γ線放出の伴う

β^-壊変で、最初に生成する^{137}Baの核の励起状態は、半減期が2.552分であることもわかる。壊変図では、原子番号が増加すれば、娘核種を右に、減少すれば娘核種を左に配置する。図16-3では、β^-壊変で娘核種の原子番号が増加するので、^{137}Baは^{137}Csより右に配置されている。

また、この例でも分かるように、γ線は、αもしくはβ壊変で生成した娘核種が励起状態にあり、基底状態に移る際に放出される。これを**γ壊変**とよぶこともある。

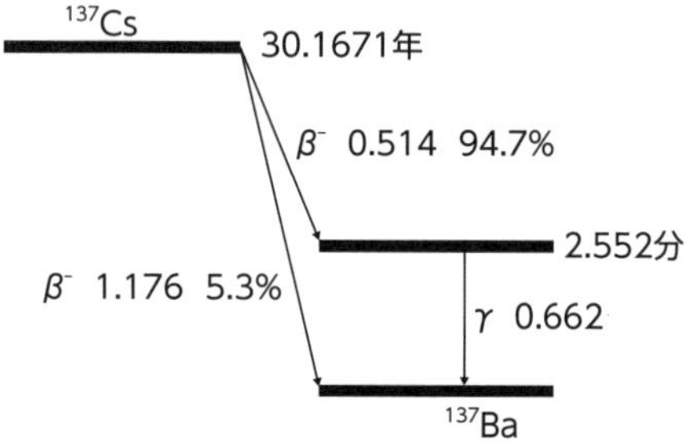

図16-3　^{137}Csの壊変図

例題 16-2

^{32}Pはβ^-壊変で^{32}Sとなる。この壊変は、1.711MeVのβ^-線を放出する過程のみで起こり、^{32}Pの半減期は14.263日である。この壊変図を書け。

解答

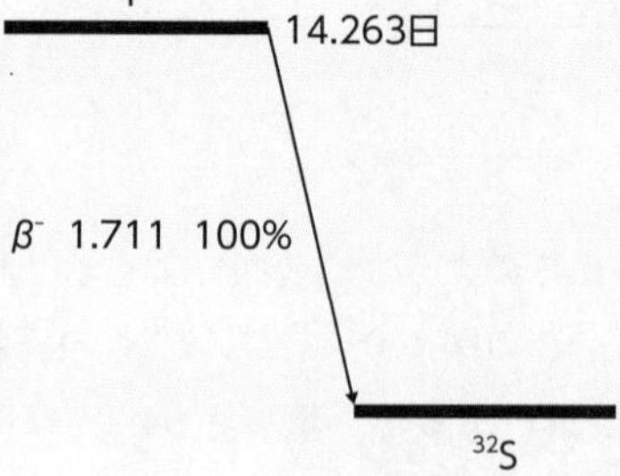

図16-4　^{32}Pの壊変図

CHAPTER 16

16-4　放射平衡

親核種の壊変により生じた娘核種も放射能を持つことが多い。親核種と娘核種の半減期をそれぞれT_1、T_2としたとき、T_1がT_2より長いなら、時間の経過とともに、娘核種の放射能も見かけ上、親核種の半減期で減少（正しくは、減衰という）するようになることを放射平衡という。

16-4-1　過渡平衡

$T_1 > T_2$の場合を過渡平衡という。過渡平衡の様子を図16-5Aに示す。図中のaは全放射能、bは親核種だけの放射能、cは親核種から分離した娘核種の放射能、dは親核種中の娘核種の放射能である。親核種から娘核種を分離し、娘核種だけの状態とすると、cのように、娘核種の半減期に従い、娘核種の放射能は減衰するが、親核種から分離しない状態なら、dのように、親核種の半減期で減衰する。

16-4-2　永続平衡

$T_1 \gg T_2$の場合を永続平衡という。永続平衡の様子を図16-5Bに示す。図中のaは全放射能、bは親核種だけの放射能、cは親核種から分離した娘核種の放射能、dは親核種中の娘核種の放射能である。過渡平衡と同じく、親核種から娘核種を分離し、娘核種だけの状態とすると、cのように、娘核種の半減期に従い、娘核種の放射能は減衰する。親核種から分離しない状態なら、dのように、娘核種の放射能は、親核種の放射能と等しくなる。

16-4-3　放射平衡が成立しない場合

$T_1 < T_2$の場合は、放射平衡は成立しない。この場合は、親核種が娘核種よりも先に消滅する。この例として、^{237}Np（半減期：2.144×10^6年）がある。地球ができた初期に^{237}Npは存在していたが、半減期が短く娘核種の^{209}Bi（半減期：1.9×10^{19}年）より短いため、現在までに消滅している。現在、宇宙線により引き起こされる核反応で、ウラン鉱中にごく微量、^{237}Npが生成することが知られている。

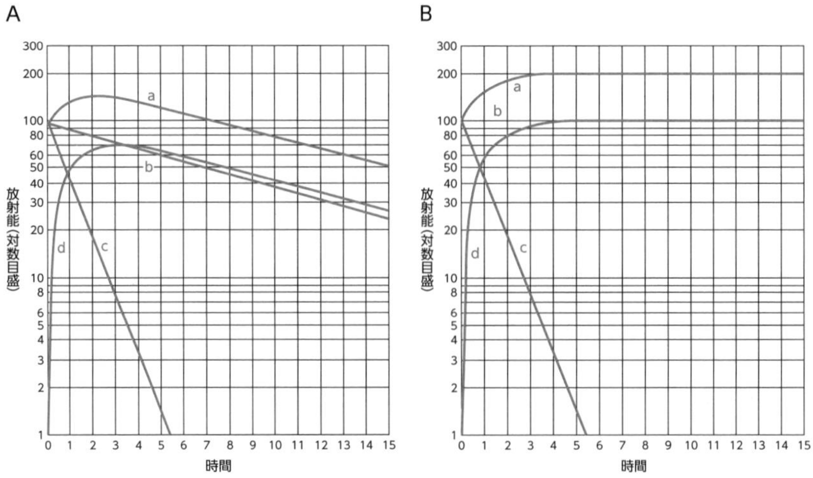

A
B
a
b
c
d
放射能（対数目盛）
時間
300
200
100
80
60
50
40
30
20
10
8
6
5
4
3
2
1
0 1 2 3 4 5 6 7 8 9 10 11 12 13 14 15

図16-5　放射平衡

CHAPTER 16

16-5　核反応

核反応とは、原子核A（標的核）に粒子a（入射粒子）が衝突し、新しい原子核B（生成核）の生成と粒子b（出射粒子）の放出がおこる反応（A＋a → B＋b）で、A(a,b)Bと表記される。標的核と入射粒子が衝突・融合して複合核が生成し[注3]、複合核からどのような生成核ができ、どのような粒子が放出されるかによって，核反応は図16-6のように分類されている。

a. 複合核からγ線のみを放出する反応を**放射捕獲反応**という

［例：^{59}Co(n, γ)^{60}Co］（nは中性子）

b. 荷電粒子（陽子、α粒子など）が放出される反応を**荷電粒子放出反応**という

［例：^{10}B(n, α)^{7}Li］

c. 標的核の質量よりずっと小さな質量の生成核が生成する反応を**核破砕反応**という

［例：^{27}Al+p → ^{10}B+n+n+p+p+･･･］（pは小さな質量の生成核）

d. 質量の大きな2個の生成核が生成する反応を**核分裂**という

［例：U(n,f)^{137}Cs］（fは他の核分裂生成物）

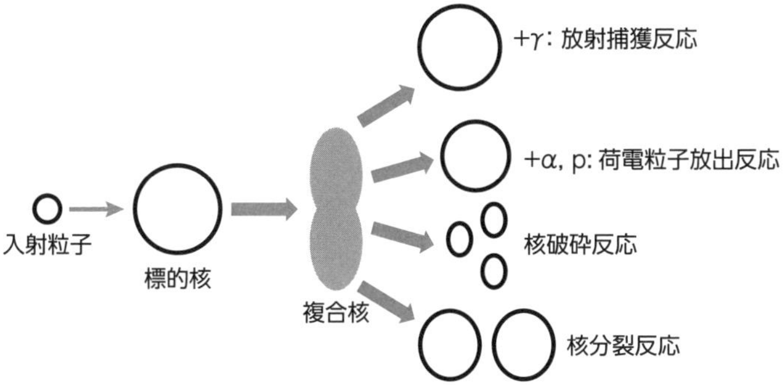

図16-6　核反応の分類

核分裂反応が継続して起こるようになった状態を**臨界状態**という。例えば、

注3　現在は、複合核モデル以外の方法で核反応を説明する試みもある

原子力発電の燃料として使われる^{235}Uでは、1回の分裂で平均2.5個の中性子が放出される。この中性子が、次の^{235}U原子核に衝突し2段階目の核分裂が起こり、また、中性子が放出される。そして、次の核分裂を引き起こすという連鎖反応につながっていくこの連鎖反応が持続するようになったとき“臨界に達した”という。

このほか中性子を放出する反応［例：^{18}O(p,n)^{18}F］もある（イタリックではないpは陽子を表す）。この反応は、ガン検査の一つであるPET（陽電子放射断層撮影：Positron Emission Tomography）で用いられるFDG（フルオロデオキシグルコース）中の^{18}Fを生成する際に用いられている。また，複合核ができるプロセスには「核融合」も含まれる。

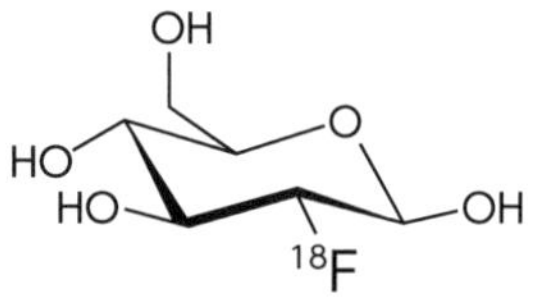

フルオロデオキシグルコース(FDG)

図16-7　FDGの構造

また、最近話題になったニホニウム（$_{113}$Nh）も核反応で作り出された。$_{113}$Nhは$_{83}$Biに加速器で加速した$_{30}$Znを衝突させ、核融合により生成したもので、このように人工的に作り出された元素を**人工元素**という。人工元素には$_{43}$Tc、$_{61}$Pm、$_{85}$At、$_{87}$Frと原子番号93以上の超ウラン元素がある。天然に存在する元素（天然元素）で最大の原子番号を持つ元素は^{92}Uである。

このような元素合成は人工的にしか起こらないのかというと、そうではない。宇宙空間では、ごく普通に起こっていることであり、現在、様々な種類の元素が存在しているが、全て宇宙空間で合成されたものである。図16-8に現在までに確認されている原子核をまとめた核図表を示す。これを見ると、ほとんどの原子核が不安定であり、安定な原子核はわずか10％程度であることがわかる。つまり、放射性同位元素は、何か特殊な原子核のように思われるが、実際には、安定な原子核のほうが特殊である。

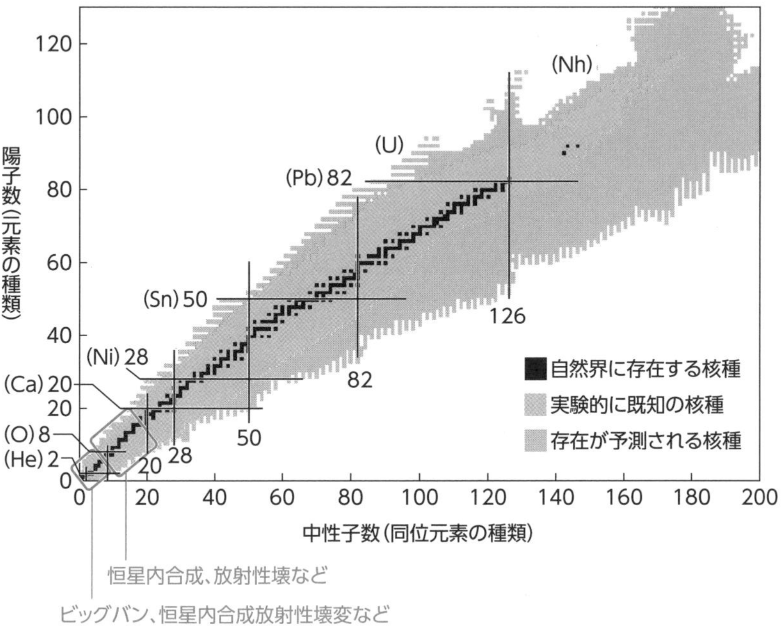

陽子数(元素の種類)
120
100
80
60
40
20
0
(Nh)
(U)
(Pb) 82
(Sn) 50
(Ni) 28
(Ca) 20
(O) 8
(He) 2
126
82
50
28
20
0
20
40
60
80
100
120
140
160
180
200
中性子数(同位元素の種類)
自然界に存在する核種
実験的に既知の核種
存在が予測される核種
恒星内合成、放射性壊など
ビッグバン、恒星内合成放射性壊変など

図16-8　核図表の概略

16-6　質量欠損

質量M_0の原子核が質量M_1とM_2の原子核に分裂したとする。普通に考えれば$M_0=M_1+M_2$となるはずであるが、実際は、$M_0 > M_1+M_2$となる。質量の違い$\Delta M = M_0 - (M_1+M_2)$を**質量欠損**という。減少した質量は、アインシュタインの特殊相対性理論により導かれる$E=\Delta Mc^2$により、熱エネルギーに変換される（図16-9）。

^{12}C原子1個の$\frac{1}{12}$の質量を$1u=1.6605\times10^{-27}$kgとする単位系を原子質量単位という。

原子核反応を考えるとき、基本となる量が原子核あるいは核子（陽子、中性子）1個のレベルとなる為、原子質量単位系が導入された。1u=931.5MeVという関係がある。ここで、$1eV=1.6022\times10^{-19}$J、1cal=4.19Jである。

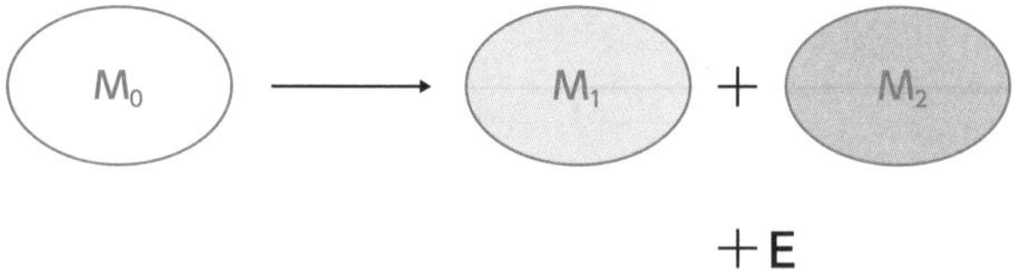

図16-9　質量欠損

例題16-3

1個の^{235}Uが分裂したときに放出されるエネルギーは207MeVである。1gの^{235}Uが分裂したとき放出されるエネルギーを求めよ。また、1gの^{235}Uで200tの水を0℃から何度まで加熱できるか。

解答

1gの^{235}Uが分裂したとき放出されるエネルギーは

$$E = \frac{207\times10^6(\mathrm{eV})\times1.6\times10^{-19}\times6.02\times10^{23}}{235} = 8.48\times10^{10}(\mathrm{J}) = 2.02\times10^{10}(\mathrm{cal})$$

1calは1gの水の温度を1℃上げるために必要な熱量であり、200t = 2.00 ×

10^8 g なので、$\dfrac{2.02 \times 10^{10}}{2.00 \times 10^8} \approx 100$となり、200 t の水を0℃から100℃まで加熱できる。核分裂のエネルギーの大きさが実感できると思う。

16-7　元素合成

現在存在する多種多様な元素は、どのようにして生まれたのであろうか。全ての元素は、以下に示すような過程により、恒星内部や宇宙空間で合成された。宇宙は137億前、インフレーションとそれに続くビックバンによって生まれたと考えられている。ビッグバンの3〜10分後までの間にD（^{2}H）からBeまでの軽元素が核反応により合成された（^{1}Hは陽子であり、もっと早い段階で合成されている）と考えられている。これを**ビッグバン元素**合成とよぶ。

宇宙空間に存在する星間物質に高エネルギー宇宙線が照射されたり、星間物質どうしの衝突によっても元素合成が進む。Heどうし、あるいは、C, N, OなどとH, Heとの衝突による核融合などである。この過程でLi, Be, BやFなどの中程度の重さの元素が合成される

また、恒星の内部は非常に高温で、絶えずHによって核融合が起こっている。さらにHeの核融合や、生成した元素とHの融合などの反応も進み、CからFeに至る元素が合成される。恒星内部では、Feまでしか核融合による元素合成ができない。Feより重い元素はどのようにして合成されたのかを、次に、説明する。

星（恒星）の一生は、その質量により決まっている。太陽程度の星なら、燃料を使い切り赤色巨星となり、最終的に、白色矮星となり一生を終える。これに対し、質量が太陽の8倍以上ある恒星は、寿命を迎える際に超新星（Ⅱ型）となり、超新星爆発により、一生を終える。この爆発のエネルギーにより核反応が起こり、Fe以降の重い元素が合成される。

例題 16-4

放射線や放射性同位元素を取り扱う分野で、化学はどのような役割を果たすことができるか考えてみよ。

解答

単に、化学関係の教科書にある事項を勉強するだけでなく、社会とのかかわりなどについても考えることが今後は求められる。この問いには、正解はないので、自分なりの考えをまとめてほしい。

参考となる資料としては、

中村昌允「技術者倫理とリスクマネジメント」オーム社（2012）

中村収三「技術者による実践工学倫理」（第４版）化学同人（2019）

などがある。

参考文献

富永健、佐野博敏「放射化学概論」(第4版) 東京大学出版会 (2018)

海老原充「現代放射化学」化学同人 (2005)

G. ショパン他「放射化学」丸善 (2005)

永江知文、永宮正治「原子核物理学」裳華房 (2000)

野本憲一「元素はいかにつくられたか」岩波書店 (2007)

索引

記号・英数字

あ

い

う

え

お

か

き

く

け

こ

さ

ま

み

む

め

ゆ

よ

ら

り

る

れ

●著者紹介

山崎友紀（やまさき ゆき）

法政大学経済学部経済学科教授。工学博士。
専門は水熱化学、環境科学、理科教育。

川瀬雅也（かわせ まさや）

長浜バイオ大学バイオサイエンス学部教授。工学博士。
専門は物性論、ケモインフォマティックス。

装丁●辻聡

本文デザイン、DTP、イラスト●株式会社トップスタジオ

例題《れいだい》で学《まな》ぶ
はじめての無《む》機《き》化《か》学《がく》Ⅱ《に》　溶液《ようえき》・固《こ》体《たい》編《へん》

2021 年 7 月 30 日　初版　第 1 刷発行

著　者　山崎友紀、川瀬雅也
発行者　片岡　巌
発行所　株式会社技術評論社
　　　　東京都新宿区市谷左内町 21-13
　　　　電話　03-3513-6150　販売促進部
　　　　　　　03-3267-2270　書籍編集部
印刷／製本　日経印刷株式会社

定価はカバーに表示してあります。

ISBN978-4-297-12217-1 C3043
Printed in Japan

本書へのご意見、ご感想は、技術評論社ホームページ（https://gihyo.jp/）または以下の宛先へ、書面にてお受けしております。電話でのお問い合わせにはお答えいたしかねますので、あらかじめご了承ください。

〒162-0846
東京都新宿区市谷左内町 21-13
株式会社技術評論社　書籍編集部
『例題で学ぶはじめての無機化学Ⅱ
溶液・固体編』係
FAX：03-3267-2271